医用传感器技术与应用

（供医疗器械维修与营销及相关专业用）

主　审　杨勇勇（上海美杰医疗科技有限公司）

　　　　田　晖（上海市医药学校）

主　编　杨　澄（上海市医药学校）

编　者（以姓氏笔画为序）

　　　　包　璇（安徽中医药大学）

　　　　朱智超（上海市医药学校）

　　　　孙陈杰（上海市医药学校）

　　　　杨　澄（上海市医药学校）

　　　　张铭命（上海市医药学校）

　　　　陈　欢（上海市医药学校）

　　　　周小龙（苏州纽迈分析仪器股份有限公司）

　　　　夏长春（上海市医药学校）

中国健康传媒集团

中国医药科技出版社

内 容 提 要

医用传感器在医学研究和临床诊疗过程中发挥着重要作用。本教材以服务学生为宗旨编写，从中职阶段学生的实际学习能力出发，力求做到化繁为简，深入浅出。全书共分为八个模块，模块一介绍医用传感器的基本知识和性能，模块二至模块八介绍最常见的七种物理传感器，使学生能够辨识传感器的类型，学会测定传感器基本性能的方法，熟知各类传感器的医学应用。本书为书网融合教材，同时配套相关数字资源使全书便教易学。

本教材可供中等职业教育医疗器械维修与营销专业或中高职贯通医疗器械相关专业师生使用，亦可作为医疗器械或相关领域初学者的入门读物。

图书在版编目（CIP）数据

医用传感器技术与应用/杨澄主编.—北京：中国医药科技出版社，2024.5

ISBN 978-7-5214-4768-2

Ⅰ.TP212.3

中国国家版本馆CIP数据核字第2024MA6757号

美术编辑 陈君杞
版式设计 友全图文

出版 **中国健康传媒集团** | 中国医药科技出版社
地址 北京市海淀区文慧园北路甲22号
邮编 100082
电话 发行：010-62227427 邮购：010-62236938
网址 www.cmstp.com
规格 787×1092mm $\frac{1}{16}$
印张 11 $\frac{1}{2}$
字数 200千字
版次 2024年5月第1版
印次 2024年5月第1次印刷
印刷 河北环京美印刷有限公司
经销 全国各地新华书店
书号 ISBN 978-7-5214-4768-2
定价 **58.00元**

获取新书信息、投稿、为图书纠错，请扫码联系我们。

数字化编委会

preface 前言

　　《医用传感器技术与应用》是中等职业教育医疗器械维修与营销专业的核心课程配套教材。全书编写按照《习近平新时代中国特色社会主义思想进课程教材指南》要求，落实立德树人根本任务，坚持正确的价值导向，体现医疗器械教育领域课程思政的实践探索，将敬业、精益、专注、创新等工匠精神有机融入教材，发挥教材培根铸魂、启智增慧的作用。

　　本教材依据教育部发布的职业教育医疗器械维修与营销专业介绍，在进行医疗器械产业深入调研、查阅公开出版相关教材及访谈行业企业资深专家的基础上，结合中职学生学习规律进行编写。教材坚持传承与创新，遵循医疗器械维修与营销专业人才培养要求，围绕各类传感器的辨识、特性测量及在医学领域的应用等职业面向岗位所需的核心知识和技能进行理实一体化的编排。教材增加了产业所关注的传感器在智能穿戴设备中的应用，删除了不适宜中职生学习的复杂计算和传感器设计研发相关知识。教材编写突出理论与实践相结合，数字资源反映产业发展最新动态，体现新技术、新产品、新工艺。内容科学合理，梯度明晰，逻辑严谨，图文并茂，形式新颖。本教材共分为八个模块，模块一涵盖了医用传感器与检测技术相关的基本知识和性能，模块二至模块八介绍了最常见的七种物理传感器，包括电阻式、电感式、电容式、磁电式、光电式、热电式和压电式。

　　本教材将纸质教材和数字资源进行一体化设计编写。纸质教材在教学中的普遍使用保障了学生基础知识技能的获取，同时推动了医疗器械产业优质数字资源在课堂中的有效运用，而数字资源为教学的时效性提供了便捷通道，有利于教师引导和学生自主学习。纸质教材与数字资源的有机融合有效提高教学质量和学习体验。数字资源通过"医药云课堂"小程序扫码观看。

具体使用指南如下：

本教材运用"医药云课堂"小程序实现纸质教材和数字资源一体化应用。扫描下图小程序码，进入"医药云课堂"小程序，扫描纸质教材中带"AR"角标图片（图7-11示例图），可实时查看相应的传感器图片、视频、仿真动画及测试题。

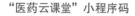

"医药云课堂"小程序码

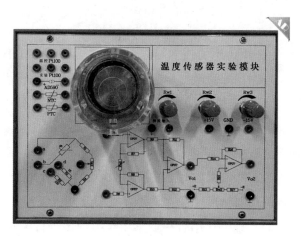

图 7-11　温度传感器实验模块

本教材由杨澄主编，包璇、孙陈杰、朱智超、陈欢、张铭命、周小龙、夏长春等参编；杨勇勇和田晖主审。编写过程中上海市医药学校一线教师和医疗器械类高校教师及企业行业专家全程参与，共同确定教材的结构和内容。在此一并表示衷心的感谢！

本教材在编写过程中，得到了许多同行的支持与帮助，在此对汪婷婷、庄亚玲、韩翠棉、王文静等老师表示衷心感谢！医用传感器涉及数学、物理、化学、计算机和医学等多方面知识，由于编者能力有限，教材内容难免存在不足，恳请广大师生批评指正。

编　者
2024 年 2 月

Contents 目录

模块一
走进医用传感器的世界

📖➤ 模块导学

　　传感器是能感受被测量并按照一定的规律转换成可用输出信号的器件或装置，通常由敏感元件和转换元件组成。医用传感器是应用于生物医学领域的传感器，是医学仪器中与人体进行直接耦合的环节，其功能是把人体生理信息拾取出来，以便进一步实现传输、处理和显示。医用传感器在新型医学仪器的研制和医学研究中，占有相当重要的地位。

　　生物医学检测技术是对通过医用传感器转换获得的生物体的现象、状态、性质、变量和成分等信息进行进一步检测和量化的技术。医用传感器与检测技术是构成复杂的测量系统以及研制医疗仪器和装置的核心，两者常常是密不可分的。

　　传感器的特性是指其输入与输出的关系，在选择和使用医用传感器时都需要了解传感器的特性。传感器的特性指标有很多种，其中最基本的特性指标有灵敏度、线性度、重复性、迟滞性、稳定性等。

　　随着人工智能技术的发展，传感器技术发生了根本性的变革。针对临床应用的需要，医用传感器向着智能化、微型化、多参数、可遥控和无创检测等方向发展。

任务一　认识医用传感器

任务目标

» 1. 能知道什么是医用传感器。

» 2. 能说出医用传感器的组成、作用和分类。

» 3. 能知道什么是检测技术。

» 4. 能理解医用传感器与检测技术的关系。

» 5. 能简述医用传感器的发展方向。

学习导入

　　随着社会的不断发展，各种新技术开始在医学领域中得到充分的运用。无论是诊断类、检验类还是治疗类都向着自动化、智能化方向发展，大大提高了临床诊断效率与治疗效果。同时，小型医疗器械也走进了普通家庭，人们只需简单的操作就能得到检测结果，如电子血压计、额温枪、家用血糖仪等。而这一切的背后，都离不开医用传感器的功劳。那么到底什么是传感器呢？

任务描述

　　请查阅整理医用传感器与检测技术相关资料，以"认识医用传感器"为主题，图文结合制作演示文稿或手绘小报，跟身边的同学和朋友分享吧！内容可以包含医用传感器的定义、组成、作用和分类、检测技术的定义和分类，以及医用传感器的发展趋势。

一、医用传感器的定义

现行国家标准GB/T 7665—2005《传感器通用术语》中3.1.1对传感器的定义为"能感受被测量并按照一定的规律转换成可用输出信号的器件或装置，通常由敏感元件和转换元件组成。"由于常见的信号绝大部分是非电量信号，而电信号是最适宜放大、处理和传输的信号形式。因此，传感器通常是用于检测这些非电量信号并将其转变成便于计算机或电子仪器所接收和处理的电信号。

传感器的组成框图如图1-1所示。敏感元件是指传感器中能直接感受或响应被测量的部分；转换元件是指传感器中能将敏感元件感受或响应的被测量转换成适用于传输或测量的电信号部分；调理电路能对转换元件输出的电信号进行放大、滤波、运算、调理等；辅助电源则为调理电路和转换元件提供稳定的工作电源。其中，敏感元件与转换元件并没有严格的界限，有些传感器的敏感元件和转换元件是同一元件；而调理电路和辅助电源也不是所有传感器都具备；伴随半导体与集成技术的进一步发展，调理电路与敏感元件和转换元件常常被集成在同一芯片中，被安装在传感器的壳内。

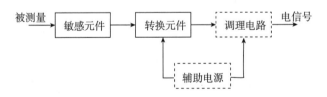

图1-1 传感器的组成

从作用来看，传感器的作用实质上就等同于人体的感受器。人体通过感受器把外界信息收集起来，再传递给大脑，在大脑中处理信息，得出一个"结果"；传感器同样是收集外界各种环境信息，这些信息通过放大处理后，由计算机代替人的大脑对信息进行处理和判断。如果把计算机看成是识别和处理信息的"大脑"，把通信系统看成传递信息的"神经纤维"，传感器就是信息系统的"感受器"（图1-2）。

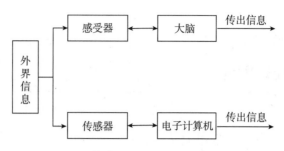

图1-2 传感器与感受器功能对应图

医用传感器是指应用于生物医学领域的传感器，由于它所拾取的信息是人体的生理信息，而它的输出常以电信号来表现，因此，医用传感器可以定义为：把人体的生理信息转换成为与之有确定函数关系的电信息的变换装置。

随着科学的发展和其他学科间的相互渗透，医学科学正由定性医学向定量医学发展，在此过程中，医学传感器起到了至关重要的作用。事实上，医用传感器延伸了医生的感觉器官，扩大了医生的观测范围，并把定性的"判断"扩展为定量的"测量"。从而更加准确地利用获得的生物学信息，实现对患者进行健康医疗和临床决策的量身定制。

二、医用传感器的主要用途

1.提供诊断信息　医学诊断以及基础研究都需要检测生物体信息。例如，先天性心脏患者在手术前必须用传感器测量心内压力，以估计缺陷程度。常见诊断信息包括心音、心电、血压、血流、体温、呼吸、脉搏等。

2.监护　对手术后的患者需要连续测定某些生理参数，通过观察这些生理参数是否处于规定范围来掌握患者的复原过程，或在异常时能及时报警。例如，对一个做过心内手术的患者，在手术后头几天内，往往在其身体上要安置体温、脉搏、动脉压、静脉压、呼吸、心电等一系列传感器，用监护仪连续观察这些参数的变化。

3.临床检验　除直接测量人体生理参数外，临床上还需要利用化学传感器和生物传感器从人体的各种体液（如血液、尿液、唾液等）中获取诊断信息，为疾病的诊断和治疗提供重要参考。

4.生物控制　利用检测到的生理参数，控制人体的生理过程。例如电子假肢，就是用肌电信号控制人工肢体的运动。用同步呼吸抢救患者时，需要传感器检测患者的呼吸信号，以此来控制呼吸器的动作与人体呼吸同步。

三、医用传感器的分类

传感器的种类很多，国内外到目前尚没有形成完整、统一的分类方法。医用传感器的分类方法也有多种，其中最常用的分类方法是按工作原理分为物理传感器、化学传感器、生物传感器三大类。

1. 物理传感器　利用物理性质和物理效应制成的传感器称为物理传感器，可分为电阻式、电容式、电感式、磁电式、热电式、光电式等，常用于测量血压、体温、呼吸、血流量等。物理传感器是医学领域中使用最广泛的一类传感器。本书主要介绍几种典型的物理传感器及其在医学领域的应用。

2. 化学传感器　利用化学性质和化学效应制成的传感器称为化学传感器，通常用于检测气体或液体中特定化学成分。它能通过与待测物质中的分子或离子相互作用，将这些物质的浓度转换成电信号。化学传感器可分为电化学传感器、光化学传感器、质量化学传感器和热化学传感器。在医用领域，常用于测量人体体液中离子的成分、浓度、pH、葡萄糖浓度等。

3. 生物传感器　利用生物活性物质具有的选择性识别待测生物化学物质能力制成的传感器称为生物传感器，常用于酶、抗原、抗体、递质、受体、激素、脱氧核糖核酸（DNA）、核糖核酸（RNA）等物质的检测。生物传感器按生物识别器件（也称生物活性物质）可分为酶传感器、免疫传感器、组织传感器、细胞传感器、微生物传感器等；按二次传感器件可分为生物电极、光生物传感器、半导体生物传感器、压电生物传感器、热生物传感器、介体生物传感器等。

此外，还可以按照被测量的种类分为位移传感器、流量传感器、温度传感器、湿度传感器、速度传感器、压力传感器等。按照与人体感官相对应的功能分为视觉传感器、听觉传感器、触觉传感器、嗅觉传感器等。

四、检测技术的基本概念

1. 检测技术的定义　人类社会已进入信息化社会，传感器是信息获取的基本工具，是检测系统的首要环节，是信息技术的源头。检测技术是人们为了对被测对象所包含的信息进行定性了解和定量掌握所采取的一系列技术措施。检测包含检查和测量两方面，是将生产、科研、生活等方面的相关信息通过选择合适的检测方法与装置进行分析或定量计算，以发现事物的规律性。生物医学检测技术是对从医用传感器转换获得的生物体信息进行进一步检测和量化的技术。

2.自动检测系统　　自动检测系统是指在测试中，能自动地按照一定的程序选择测量对象，获得测量数据，并对数据进行分析和处理，最后将结果显示或记录下来的系统。一般的自动检测系统组成可由图1-3的框图来表示，传感器把待测物理量转换为电信号，信号调制装置把传感器输出的信号转变成为显示或记录装置可以直接利用的信号，它可能需要经过放大或转换成其他形式的信号。经过调制以后，信号被显示给用户或存储在记录装置上，以备后用。

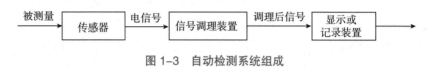

图1-3　自动检测系统组成

3.医学检测技术的分类　　由于研究者的角度不同、目的不同以及采用的检测方法不同，使医学信号检测技术的分类方法呈现多样化。

（1）无创和微创检测　　使用医用传感器进行人体信息检测，具有与其他测量明显不同的特殊性，如无创伤测量、安全性和可靠测量等。对生物体不造成创伤或仅仅引起轻微创伤的检测方法称作无创或微创检测，这种技术易于被测者接受，特别是在人体或实验动物活体进行无创及微创检测，有利于保持被测对象的生理状态，有利于进行生理、生化参数的长期和实时监测，因而得以在临床检查、监护和康复评价中广泛应用，现已成为生物医学检测技术的重要发展方向。

利用传感器无创检测血压、血流、呼吸、脉搏、体温、心音等生理参数的方法，目前已比较成熟，因而在临床检查和各类监护中得到了广泛应用。

（2）体内信息检测　　生物活体内信息直接测量方法的明显优点在于可高精度地检测生理和生化参数。体内信号直接检测方法通常有介入式（或插入式）、吞入式和体内固定植入式三种。

介入式检测法指采用各种导管技术、内镜（含光学的、超声的和微波的内镜）技术检测体内生理、生化及形态和功能信息，目前已与光纤技术和气囊技术及各种理疗、化疗、手术治疗相结合，组成了种种介入式诊疗系统。吞入式检测法的典型代表是用于消化道器官内生理、生化参数检测的无线电子胶囊。固定式检测系统是近年发展最快、最广的一类体内信息直接检测方法，其优点在于可保证微型检测装置与生物体具有良好的匹配，生物体可处于无拘束的自然生理状态。检测系统处于近似恒温且干扰很小的环境中，有利于连续、精确、长期地观测某些生理、生化信息的细微变化，特别有利于生命科学研究的定量化。

五、医用传感器的发展趋势

传感器技术已成为信息化社会的重要技术基础，被普遍认为是对21世纪产生巨大影响的技术之一。现代计算机技术和通信技术不仅对传感器的精度、可靠性、响应速度、获取信息量的要求越来越高，而且希望传感器体积小、重量轻、成本低、使用方便。近年来，针对临床医学的特点和临床应用的需求，医用传感器技术正在发生改变，向着智能化、微型化、多参数、可遥控、无创检测、无线传感网络等全新的方向发展。

1.智能化传感器　智能化传感器是计算机技术、微电子技术与传感器技术的结合。智能化传感器一般具有以下功能：①能够根据检测到的信号进行判断和决策；②可以根据软件控制执行相应的操作；③具有输入、输出接口，能够与外部进行信息交流；④具有自我检测、自我校正和自我保护功能。智能化传感器技术的应用提高了医学仪器设备的性能，主要体现在自动数据处理、自我检测、诊断和报警功能、接口功能。智能化传感器改变了传统的测量方式，从被动测量变为主动测量，目前大部分的现代医学仪器设备如CT机、血液透析机、超声仪、自动生化仪都具有自诊断功能，都是以智能化传感器技术作为基础。采用标准数字化输出，能够通过接口技术实现传感器与系统之间，传感器与网络之间的数据交换和共享，构成一个网络化的智能传感器系统。

2.微型化传感器　随着微电子机械系统技术的发展，现代传感器正在从传统的结构设计和生产工艺向微型化转变。微型化传感器是由微机械加工技术精密制作而成的，包括蚀刻、沉积、腐蚀等微细加工工艺，敏感元件的体积可以小到微米级。微型化传感器可以进入常规传感器不能达到的部位，深入脏器、病灶的内部，获取常规传感器不能获取的信息。例如：新型体内心脏起搏器就带有血氧、运动等微型传感器，可以使患者心率随着实际需要发生变化。另外，由于微型化传感器的体积很小，极大地减小了对正常生理活动的妨碍和影响，使检测值更加真实、可靠，推动了可穿戴设备的发展。

3.多参数传感器　在临床医学领域，往往需要同时检测多种生理参数，需要同时使用多种传感器。多参数传感器是一种体积小而多种功能兼备的探测系统，用单独一个传感器系统同时测量多种参数，实现多种传感器的功能。多参数传感器将若干种不同的敏感元件集成在一块芯片上，工作条件完全相同，易对系统误差进行补偿和校正，与采用多个传感器系统相比，检测精度高，稳定性好，体积小，重量轻，成本低。近年来研制的仿生传感器"电子鼻"是一种能够识别多种气体成分的多参数传感器，"电子舌"是一种能够识别多种味觉的多参数传感器，这些研究成果已经应用于各种类型的机器人中。

4. 遥控传感器 在临床医学领域，很多情况下，需要在患者体内植入或让患者吞服一些检测体内某些参数的传感器，或定时释放药物的装置，对于这种传感器或装置需要在体外进行遥控。遥控传感器就是将遥控技术与传感器技术相结合形成的一种新型传感器。例如，吞服"电子药丸"微型传感器到达胃内，遥控检测胃液的pH、胃内压力、消化液成分等参数，并将检测结果通过微型无线发射装置传送到体外的接收器。

5. 无创传感器 随着人类生活水平的提高，人们的健康意识也在不断增强，已经不仅仅满足于治疗疾病，对于预防疾病和摆脱亚健康状态提出了更多的要求。另外，随着社会的老龄化，社区医疗、自我保健意识将越来越重要。这些变化都要求能够经常地、方便地检测一些生理指标，并且检测操作简便，易于接受，在社区甚至在家里就可以完成。于是，无创检测成为医用传感器研究的一个重要方向。无创检测就是在检测的全过程没有任何创伤或者几乎没有创伤。无创检测不仅减少了受试者的痛苦，使受试者能够乐于接受，且对机体状态影响小，检测可靠。此外还具有操作简单、消毒容易、不易发生感染等优点。

无创检测传感器在体表进行检测，需要具有更高的灵敏度和精确性，具有更高的抗干扰性能和信噪比。例如：采用指夹式光电容积传感器固定在人体指尖进行检测，可以定量检测出人体每搏心输出量、血管弹性、血液黏度、外周阻力等血流参数，但精确度尚有待提高。

6. 无线传感网络 无线传感网络是利用无线电波作为信息传输介质，由无线传感器组群以及接收处理中心组成的互联通信网络。无线传感器主要由传感器、处理器和无线通信模块组成。无线传感网络具有简便、快速、实时和无创采集患者生理指标的功能，其覆盖面广，通信迅速，在医学领域具有广阔的应用前景。例如：随着社会老龄化的日益严重，对于独居老人健康状况的监护是一项重要工作。在老人身上及居室内安装呼吸、体温、血压、身体移动等无线传感器，社区医生就可以远程了解老人的健康情况，在不影响其活动的情况下观测到老人的各项生理指标和各种预警信息。

任务实施

一、制作演示文稿

选择制作演示文稿（PPT）可参考以下步骤：

1.列提纲　根据所学内容，列出课件提纲，画出简单的逻辑结构图。要求包含：医用传感器的定义、组成、作用和分类；检测技术的定义和分类，以及医用传感器的发展趋势。打开PPT，不要用任何模板，将提纲按一个标题一页做出来。

2.填内容　结合知识导航，查找医用传感器相关资料，将适合标题表达的内容写出来，稍微修整一下文字，每页的内容做成带"项目编号"的要点。在查阅资料的过程中，可能会发现不在原先列出的提纲范围中的新资料，这时可以进行调整，在合适的位置增加新的页面。

3.做图表　结合每页PPT的内容，考虑配图，包括传感器图片以及装饰图等。同时，思考PPT中的内容哪些文字是可以做成图的，如医用传感器的组成等。如果内容过多或实在是用图形无法表现，可以考虑用"表格"来呈现。如果图表都无法表示，再用文字形式。最好的表现顺序是：图—表—字。

4.选母版　选用合适主题的母版，选用不同的色彩搭配，在母版视图中调整标题、文字的大小和字体，以及合适的位置。根据母版的色调，将图表进行美化，调整颜色、阴影、立体、线条、美化表格、突出文字等。

5.调细节　结合讲解，在合适的位置配上动画。最后在放映状态下，自己通读一遍，有不合适或不满意的地方要调整，有错别字的地方注意修改。

二、手绘小报

选择手绘小报可参考以下步骤。

1.收集素材　根据任务的主题要求，查阅资料收集相关的图片、文字、图表等素材。

2.设计框架和布局　在纸张上设计出小报的框架和布局。确定由哪几个部分组成，每个部分的内容要单独分出来。可以使用四边形、花边等设计元素来修饰每个部分，使内容更加突出和有趣。

3.铅笔打稿　用铅笔在纸张上打出小报的基本布局和框架。注意要准确画出每个部分的比例和结构，确保整体布局的合理性。

4.勾线和绘画　用黑色勾线笔对铅笔稿进行勾线，然后开始用彩色笔、蜡笔、水彩笔等进行图片的绘画。可以根据自己的喜好和主题选择合适的色彩和绘画风格。

5.添加文字　在每个版面中添加重点内容的文字、标语和标题。注意标题要大于版面内容，并使用醒目的颜色进行描边。

6.评估和调整　评估整体效果并进行必要的调整。可以调整颜色、线条、文字等，使小报更加和谐和统一。同时，注意检查是否有错误或遗漏的地方，并进行修正。

★ 任务评价

序号	评价内容	评价要素	评分标准	得分
1	主题	突出主题：认识医用传感器	很好（14～20） 一般（8～13） 较差（0～7）	
2	内容	内容完整，涵盖：医用传感器的定义、组成、作用和分类；检测技术的定义和分类；医用传感器的发展趋势	很好（14～20） 一般（8～13） 较差（0～7）	
		文字表述正确、图表表达准确	很好（14～20） 一般（8～13） 较差（0～7）	
3	构思	结构合理、逻辑严谨	很好（8～10） 一般（4～7） 较差（0～3）	
4	素材	图片及其他素材运用合理	很好（8～10） 一般（4～7） 较差（0～3）	
5	美化	文字清晰、重点突出	很好（8～10） 一般（4～7） 较差（0～3）	
		布局合理、配色优美	很好（8～10） 一般（4～7） 较差（0～3）	
总分				

巩固练习

一、填空题

1.传感器的组成部分包括_____、_____、_____以及_____。

2.在医学上，传感器的主要用途_____、_____、和_____。

3.传感器按工作原理可分为_____、_____和_____三大类。

4.医学检测技术主要分为_____和_____两类。

5.医用传感器技术向着_____、_____、_____、_____、_____、_____等全新的方向发展。

二、简答题

1.简述传感器和医用传感器的定义。

2.简述检测技术和生物医学检测技术的定义。

三、拓展题

找一找身边的医疗器械，如电子血压计、电子体温计、家用血糖仪等设备。试着查看说明书，结合本任务学习内容，尝试分辨这些设备中采用了哪一类传感器。

目标检测

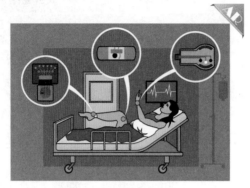

扫一扫完成测试

任务二　分析传感器的基本特性

任务目标

» 1. 能列举传感器的基本特性参数。

» 2. 能根据传感器的输入、输出参数正确绘制特性曲线。

» 3. 能正确分析传感器的灵敏度和线性度。

学习导入

　　想要选用和使用传感器，就必须充分了解传感器的特性。传感器的特性是指它转换信息的能力和性质。传感器的特性指标有很多，你知道传感器的基本特性指标有哪些吗？

任务描述

　　已知应用某一传感器测量物体重量，得到的重量与电压关系如表1-1所示，请根据该表画出该传感器的输入-输出特性曲线，并分析其灵敏度和线性度。

表1-1　重量-电压对应关系表

重量（g）	20	40	60	80	100	120	140	160	180	200
电压（mV）	13	24	33	43	53	64	74	84	94	104

知识导航

我们可将传感器看成一个具有输入、输出的二端网络，如图1-4所示。传感器的基本特性是指传感器的输入–输出关系特性，它是传感器的内部结构参数作用关系的外部特性表现。不同的传感器有不同的内部结构参数，这决定了它们具有不同的外部特性。对同一传感器输入不同的信号，输出特性也是不同的。

输入（X）———→ 传感器系统 ———→ 输出（Y）

图1-4 传感器系统

传感器的特性分为静态特性和动态特性两类。静态特性是指传感器对于不随时间变化或变化很缓慢的输入量的响应特性，而动态特性是指传感器对于随时间变化而快速变化的输入量的响应特征。一个高精度的传感器，要求同时具备良好的静态特性和动态特性，从而确保检测信号无失真转换，使检测结果最大限度地反映出被测量的原始特征。

人体的各被测信息处于稳定状态时，传感器的输入量在较长时间维持不变或发生极其缓慢的变化，则这时传感器的输出量与输入量间的关系就是传感器的静态特性。本书仅对衡量传感器静态特性品质的指标，包括灵敏度、线性度、重复性、迟滞性、稳定性等几种进行介绍。

一、灵敏度

灵敏度是指传感器在稳态下输出变化对输入变化的比值，反映单位输入变量能引起的输出变化量。灵敏度用K表示，即：

$$K=\frac{\Delta y}{\Delta x} \tag{1-1}$$

输入量与输出量之间对应关系曲线称为传感器的特性曲线，理想传感器的特性曲线呈直线，其斜率就是灵敏度，如图1-5所示。

二、线性度

对于理想的传感器，我们希望它具有线性的输入-输出关系，这样可以使显示仪器的刻度均匀，在整个测量范围内具有相同的灵敏度。由于实际传感器总有非线性（高次项）存在，输入-输出关系总是非线性关系。为了反映传感器偏离线性的程度，引入线性度的概念，线性度也叫非线性误差。实际应用中为标定方便常常在某一小范围内用切线或割线近似代表实际曲线，使输入-输出线性化。近似后的直线（拟合直线）与实际曲线之间存在的最大偏差与传感器满量程范围内输出的百分比即为线性度的计算方法，如图1-6所示，可用式（1-2）表示：

$$\gamma_L = \frac{\Delta y_m}{y_{FS}} \times 100\% \qquad (1-2)$$

式（1-2）中，γ_L 为线性度，Δy_m 为最大非线性绝对误差，y_{FS} 为满量程输出。

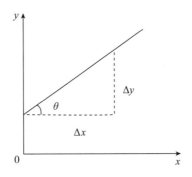

图1-5 线性传感器的灵敏度

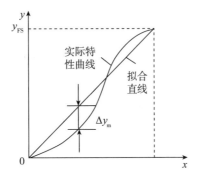

图1-6 特性曲线与线性度关系曲线

15

知识充电宝

几种拟合直线的选取方法

1.理论拟合　以0%为起点，以满量程100%作终点。

2.端点拟合　实际曲线的起点与终点的直线。

3.端点平移拟合　在端点拟合的基础上，平移最大非线性绝对误差的一半，以相对减少拟合误差。

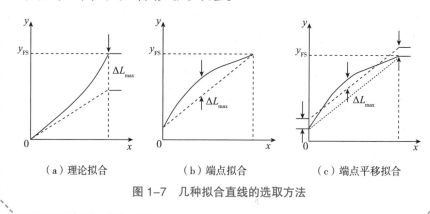

（a）理论拟合　　　　（b）端点拟合　　　　（c）端点平移拟合

图1-7　几种拟合直线的选取方法

三、重复性

重复性是在相同测量条件下，对同一被测量进行连续多次测量所得结果之间的一致性。如图1-8所示。重复性指标的高低程度属于随机误差性质，主要由传感器机械部分的磨损、间隙、松动、部件摩擦、工作点漂移等多种原因产生。多次测试的曲线重复性越小，误差越小。

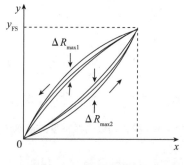

图1-8　重复性示意图

四、迟滞性

迟滞性是指传感器在正向（输入量增大）和反向（输入量减小）行程期间，输出特性曲线不重合的程度，如图1-9所示。

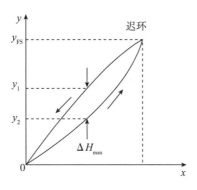

图 1-9　迟滞性示意图

产生这种现象的原因是敏感元件材料的物理缺陷。迟滞性会使传感器的重复性、分辨力变差，造成测量盲区。一般希望迟滞性越小越好。

五、稳定性

稳定性表示传感器在一较长时间内保持性能参数的能力。稳定性包含时间、温度和外界环境影响量几个方面。时间稳定度指的是传感器在所有条件都恒定不变的情况下，在规定时间内能维持其输出值保持不变的能力。环境影响量仅指由外界环境变化而引起的输出值变化量。

任务实施

1.绘制特性曲线　根据表1-1所示数据，以重量为自变量，电压为因变量，建立直角坐标系，描点画线，绘制该传感器的特性曲线。

2.**画出拟合直线**　根据绘制出的特性曲线，挑选1种合适的直线拟合方法，用不一样颜色的笔画出拟合直线。

3.**计算灵敏度**　选取拟合直线上的两点，计算出拟合直线方程，拟合方程的斜率即为该传感器的灵敏度。

4.**计算线性度**　根据拟合方程，计算表1-2中拟合电压值、真实电压和拟合电压的偏差值和最大偏差值。根据公式（1-2）计算该传感器的线性度。

表1-2　某传感器输入输出值

重量 W（g）	20	40	60	80	100	120	140	160	180	200
电压 U（mV）	13	24	33	43	53	64	74	84	94	104
拟合电压值 U（mV）										
偏差 Δy（mV）										
最大偏差 Δy_m（mV）										

巩固练习

1.传感器有哪些特性参数？分别代表什么含义？

2.下表为某一传感器测量位移时所测得的数据，试分析其灵敏度和线性度。

位移 X（mm）	0.5	1.0	1.5	2.0	2.5
电压 U（mV）	124	237	347	458	572

医用传感器应具有的性能和特殊要求

医用传感器主要是用来检测人体生物信号，针对人体生物信号特点应具备特殊的性能，以满足医用的要求。生物体是一个有机的整体，各个系统和器官都有各自的功能和特点，但又彼此依赖，相互制约。从体外或体内检测到的信号，既表现了被测系统和器官的特征，又含有其他系统和器官的影响，往往是多种物理量、化学量和生物量的综合。医用传感器要从这些综合信息中提取特定的待测信息，并把这种信息转换成电学量。因此，医用传感器应具有以下性能。

1.医用传感器应具有的性能

（1）足够高的灵敏度，能够检测出微弱的生物信号。

（2）尽可能高的信噪比，以便在干扰和噪声背景中提取有用的信息。

（3）良好的精确性，以保证检测出的信息准确、可靠。

（4）良好的稳定性，长时间检测漂移很小，保持输出稳定。

（5）较好的互换性，调试、维修方便。

另外，医用传感器主要是用于人体的，与一般传感器相比，还必须提出以下特殊要求。

2.医用传感器的特殊要求

（1）与人体接触特别是植入体内的传感器材料必须是无毒的，并且与生物体组织具有良好的相容性，长期接触不会引起排异、炎症等不良反应。

（2）传感器在进行检测时，不能影响或者尽可能少影响正常的生理活动，否则检测的信息将是不准确的。

（3）传感器应具有良好的电气安全性，特别是与体内接触的传感器应按照防止微电击的电气安全标准，具有良好的绝缘性能。

（4）传感器在结构上和性能上要便于清洁和消毒，防止有害物质存留引起交叉感染。

综上所述，由于生物信号幅值低，信噪比低，容易受到各种干扰，医用传感器往往直接接触人体，所以医用传感器需要具备优越的性能并且满足特殊的要求。

模块二
电阻式传感器

📑▶ 模块导学

电阻式传感器是将被测量变化转换成电阻变化的传感器，大体可以分为应变式和压阻式两类。电阻应变式传感器利用应变效应将应变转换为电阻变化，它是由弹性元件上粘贴敏感元件所构成。电阻压阻式传感器利用压阻效应将机械应力转换成电阻变化，广泛采用半导体材料制作。电阻式传感器具有体积小、结构简单、灵敏度高、稳定性好等特点。

电阻式传感器可进行形变、位移、力、加速等物理量测量，广泛应用于机械、建筑、航空等领域。在生物医学领域常用于测量压力，如血压、眼压、脉搏等。

任务一 辨识电阻式传感器

任务目标

» 1. 能说出电阻式传感器的定义、分类和基本结构。

» 2. 能初步辨识不同类型的电阻式传感器。

» 3. 能理解电阻式传感器的工作原理。

学习导入

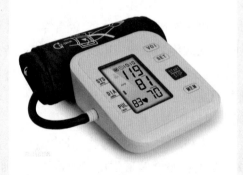

图 2-1 电子血压计

电子血压计（图 2-1）是利用现代电子技术与血压间接测量原理进行血压测量的医疗设备。血压在生物医学测量中是一种常用而重要的指标。无论在临床检查、患者临护，或是在生理研究工作中，血压的测量都提供了一个极为重要的依据。

临床上血压测量技术可以分为直接法和间接法两种，但无论采用哪种测量方法，电阻式传感器都是测量血压中最常采用的传感器。你知道什么是电阻式传感器吗？你能辨认出不同类型的电阻式传感器吗？

观察图2-2所示传感器，请辨认它属于哪一大类传感器，并根据其结构特征判断它属于哪种类型。

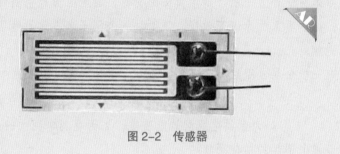

图 2-2　传感器

 知识导航 ///////////

电阻式传感器的基本原理是将非电量转换成与之有确定关系的电阻值，再通过测量此电阻值达到测量非电量的目的。电阻式传感器大体上可分为两类：一类是金属应变片型，它是用金属丝或金属箔敏感元件制成的片状传感器。另一类是半导体固态压阻传感器，它是在半导体膜片上扩散成电阻的方法制成的。

一、金属应变片式传感器

金属电阻应变式传感器由弹性元件、金属应变片和其他附件组成，使用时将应变片用黏结剂牢固地粘贴在弹性元件或被测物体上。当弹性元件或被测物体发生变形时，电阻应变片随之变形，并把变形转化为电阻值的变化，其主要工作机理是金属应变片的应变效应。

知识充电宝

应变效应

导体在受外力作用下产生机械形变时，其电阻值也将随着发生变化，这种现象称为应变效应。下面举一个例子来更深入地了解电阻应变效应。

有一根金属电阻丝，在未受到外力作用时，其电阻值为：

$$R=\rho\frac{L}{S} \qquad\qquad (2-1)$$

式（2-1）中，ρ 为金属电阻丝的电阻率，L 为金属电阻丝的长度，S 为金属电阻丝的横截面积。

当金属电阻丝受到轴向拉力作用时，金属丝的长度、横截面积均会发生变化，通过数学推导后得到金属电阻丝的电阻相对变化与应变成正比，即：

$$\frac{\Delta R}{R}=K\varepsilon \qquad\qquad (2-2)$$

式（2-2）中，$\varepsilon=\Delta L/L$ 为轴向应变，K 为应变灵敏系数。

金属应变式传感器的核心元件是金属应变片，其结构如图2-3所示，主要由敏感栅、基底、覆盖层、引线等部分组成。敏感栅一般采用粘合剂将敏感栅固定在基底上，其上再粘贴覆盖层，两端焊接引出线。敏感栅是金属应变片最核心的部分，由于金属的电阻率不高，为了使得应变片具有一定的阻值，又不能太长，通常都做成栅状。基底作为敏感栅的依托层，覆盖层作为敏感栅的保护层，两者共同作用保持敏感栅的几何形状和相对位置，同时，它们又要起到电绝缘作用，一般采用绝缘材料制成。为保证弹性元件上的应变能如实地传递到敏感栅上去，因此基底都做得很薄。引出线用于敏感栅电阻元件与测量电路的连接。金属应变片的敏感栅有丝式、箔式和薄膜式三种。

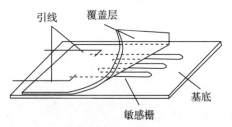

图 2-3　金属电阻应变片结构图

1. 金属丝式应变片　金属丝式应变片的敏感栅采用金属丝线绕制而成，有回线式［图2-4（a）］和短接式［图2-4（b）］两种。回线式应变片最为常用，制作简单，性能稳定，成本低，但其应变横向效应较大。而应变片在纵向的应变才是有用信号，因此希望它的横向应变输出尽量小。短接式应变片是在两根栅状电阻丝的转弯处用低电阻率材料的导线进行一小段短接，这样就可以大大地减小非敏感方向的测量误差。

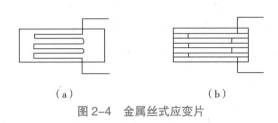

（a）　　　　　　　　　（b）

图2-4　金属丝式应变片

2. 金属箔式应变片　金属箔式应变片是利用光刻、腐蚀等加工工艺制成的一种很薄的金属箔栅，如图2-5所示。这种应变片将金属电阻材料通过特殊的碾压而得到极薄的膜，加上绝缘底基以后，再通过光刻工艺将电阻箔刻成所需的栅状电阻丝，然后再将这个箔栅加上覆盖层和引出线就构成了箔式应变片。因为这种应变片中的电阻材料被制成了箔，所以它与被粘贴的零件表面的接触面积比丝式应变片大得多，这样的应变片就能更好地"跟随"应变零件的变化。接触面积大，它的散热条件比丝式应变片好得多，所以可通过较大的电流。这些原因使得箔式应变片具有较好的灵敏度。另外这种应变片可以采用光刻工艺制作，可方便地制成各种所需要的形状，特别是为制造应变花和小标距应变片提供了条件，从而扩大了应变片的使用范围，便于成批生产。

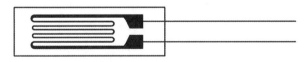

图2-5　金箔式应变片

3. 金属薄膜应变片　薄膜应变片是薄膜技术发展的产物。它是采用真空蒸发或真空沉积等方法，将金属材料在基底上制成一层薄膜电阻，再加上保护层制成。金属薄膜电阻可分为不连续膜和连续膜。不连续膜的厚度更薄，它是由许多小块的金属膜片构成的，膜片间存在着空隙，彼此有电子隧道传导连接。这种由不连续膜形成的应变片，其灵敏度要比常规的丝或箔式应变片高一个或两个数量级。较厚的均匀连续膜不存在隧道传导，其应变灵敏度和常规应变片大致相同。

二、半导体固态压阻式传感器

半导体固态压阻式传感器，也称为半导体应变式传感器，是利用半导体材料的压阻效应和微电子技术制成，具有高灵敏度、高分辨力、体积小、工作频带宽、易于微型化和集成化等优点。早期的压阻式传感器是利用半导体应变片制成的，这种元件和金属电阻应变片一样需用黏结剂粘贴。20世纪70年代以后，研制出力敏电阻与硅膜片一体化的扩散型压阻传感器，是近年来应用较广泛的新型传感器。半导体应变元件主要有两大类型，即体型半导体应变片和扩散式半导体应变片。

 知识充电宝

压阻效应

半导体材料在机械应力的作用下，其电阻率发生显著变化，这种现象称为压阻效应。这与金属电阻的应变效应有根本的区别。晶体在应力作用下，晶格间载流子的相互作用发生了变化，导致了晶体的电阻率发生变化。半导体晶片的压阻效应方向性很强，对于一个给定的半导体晶片来说，在某一晶格方向上压阻效应最显著，而在其他方向上压阻效应较小或不会出现。经推导后得到半导体材料的电阻相对变化也与应变成正比，但这里与金属材料不同的是电阻率的变化对电阻的变化贡献最大。

1.体型半导体应变片　　体型半导体应变片是采用P型或N型硅材料按其压阻效应最强的方向切割成的薄片，然后用基底、覆盖层、引出线将其组合成应变片。图2-6所示为半导体应变片的典型结构，它是将P型或N型单晶硅片切割成细条状，经腐蚀减小其断面尺寸，然后在此细条的两端蒸镀上一层黄金，这样两端可以形成重渗透，以防止应变片与引出线间产生二极管效应，最后将此硅条粘贴在带有引线焊接箔的底基上，焊接好内引线和外引线后，就成了半导体应变片，有些半导体应变片的上表面还加一层覆盖膜作为保护层。

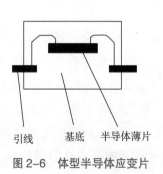

引线　　基底　　半导体薄片

图2-6　体型半导体应变片

2.扩散式半导体应变片 扩散式半导体应变片是随着近代半导体工艺的发展而出现的新型元件，是在半导体材料的基片上利用集成电路工艺制成扩散电阻。将P型杂质扩散到N型硅单晶基底上，形成一层极薄的P型导电层，再通过超声波和热压焊法接上引出线形成扩散型半导体应变片，通常又称之为压敏电阻片。

图2-7所示为一种扩散式半导体应变片的结构，在N型衬底上扩散了两条P型电阻条，然后把金丝的球端焊到应变片的铅压点上，为使元件能长期稳定工作，最后在其表面上生长一层氮化硅膜。扩散式应变元件可制作在硅圆柱、硅块或硅膜片上。硅膜片是敏感和换能元件的组合整体，真正摆脱了粘贴工艺，因此在压力测量中得到广泛应用。

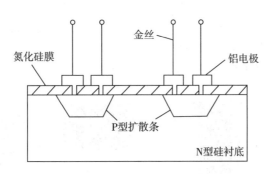

图 2-7 扩散式半导体应变片

 任务实施 ///////////

1.观察图2-2所示传感器可见明显的敏感栅，符合应变式传感器的结构特征，可初步判断为应变片。

2.放大图2-2传感器，如图2-8所示，能够发现敏感栅与基底的接触面面积较大，可基本判断该传感器为箔式应变片。

3.以图片方式进行网上检索，能查阅到多个厂家均生产该传感器，通过产品描述可以确定该传感器为金属箔式应变片。

图2-8 传感器放大图

巩固练习

一、填空题

1.电阻式传感器的基本工作原理是将_____转换成与之有确定关系的_____，再通过测量此_____达到测量目的。

2.电阻式传感器大体可分为两类，即_____和_____。

3.金属丝在外力作用下发生机械形变时它的电阻值将发生变化，这种现象称_____效应；半导体材料受到作用力后电阻率发生变化，这种现象称_____效应。

4.半导体固态压阻式传感器主要有两大类型，即_____和_____。

5.辨识下列电阻式传感器的类型，即（a）_____、（b）_____、（c）_____、（d）_____。

| （a） | （b） | （c） | （d） |

二、简答题

1.电阻应变式传感器和半导体固态压阻式传感器的工作原理分别是什么？二者最主要的区别是什么？

2.简述不同种类型电阻应变式传感器的主要区别。

扫一扫完成测试

任务二 测定电阻式传感器的特性

任务目标

» 1. 能根据要求完成电阻式传感器特性测定的实验操作。

» 2. 能正确绘制电阻式传感器的特性曲线。

» 3. 能正确计算电阻式传感器的灵敏度和线性度。

任务描述

我们已经知道什么是电阻式传感器，也明确了电阻式传感器可以分为不同的类型。在实际测量的应用中，为了能正确选用合适的传感器，就必须先了解它们的工作特性。下面我们将以测重量为例，完成特性测定实验，正确记录实验数据，并根据实验绘制传感器特性曲线，最后分析传感器的基本特性参数。

KNOWLEDGE 知识导航

一、悬臂梁式传感器

电阻式应变传感器是由应变片、弹性元件及其他附件组成的，本任务中所采用的弹性元件为悬臂梁式，如图2-9所示。其特点是结构简单、加工比较容易，应变片粘贴方便，灵敏度较高。

悬臂梁式传感器一端固定，一端自由，当外力作用在自由端时，固定端产生的应变最大，因此在离固定端较近的顺着梁长度方向粘贴4个应变片。

当梁受到外力时，上表面2个应变片与下表面2个应变片所产生的应变大小相等，方向相反，组成差动电桥。

图 2-9　悬臂梁式传感器

二、电阻式传感器的测量电路

电阻式传感器的电阻变化范围很小，直接用欧姆表测量其电阻值的变化十分困难，且误差很大。因此在实际使用时，通常使用电桥电路将微小的电阻变化转换为容易测得的电压输出，对于金属应变式传感器和半导体固体压阻式传感器都适用。

按电源的性质不同，电桥电路又可分为直流电桥和交流电桥两种。本任务中，所采用的测量电路为直流电桥，如图2-10所示，由四个桥臂R_1、R_2、R_3及R_4和一个供桥电源E组成。其中，R_L为负载电阻，U_0为电桥输出电压。

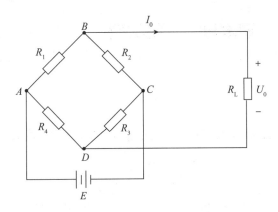

图 2-10　电阻传感器直流电桥测量电路

该电桥电路的特点是，当电桥的对边桥臂电阻乘积相等时，电桥平衡，此时输出电压为零（由于通常4个电阻不可能刚好满足平衡条件，因此电桥都设有调零电位器，可使电桥初始输出为零）。在未施加作用力时，应变为零，电桥输出为零，当被测量发生变化时，无论哪个桥臂电阻受被测信号的影响发生变化，电桥平衡都将被打破，电桥电路的输出电压也将随之发生变化。通过电压变化量就能得到电阻的变化量。

四个桥臂的电阻R_1、R_2、R_3、R_4，它们可以全部或部分是应变片，只有R_1接入应变片时构成单臂半桥；R_1、R_2接入应变片时构成双臂半桥；四个全部接入时为全桥。系统灵敏度单臂<双臂<全桥，线性度单臂>双臂>全桥。

31

任务实施

一、需用器件与单元

主实验箱（图2-11）：稳压电源、数字电压表、应变传感器实验模板1块（图2-12）、20g砝码10个、托盘1个、连线若干。

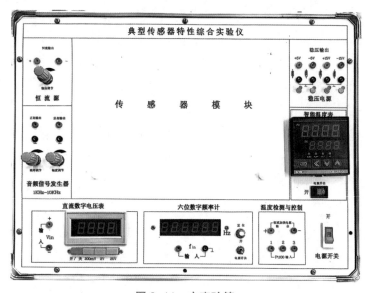

图2-11　主实验箱

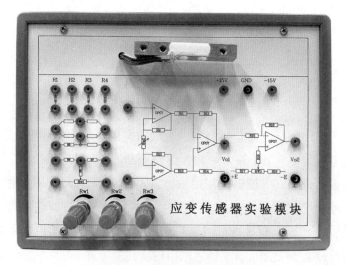

图2-12　应变传感器实验模块

二、操作步骤

1. 将应变传感器实验模块装于主实验箱上传感器模块位置。

2. 按图 2-13 安装示意图，将托盘安装到悬臂梁式传感器的自由端上。（应变片 R_1、R_2、R_3、R_4 已接入应变传感器模块）。

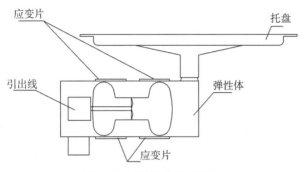

图 2-13　托盘安装示意图

3. 应变传感器实验模块与主实验箱的 ±15V 电源和地线相连，检查无误后，合上主实验箱电源开关。

4. 放大电路增益调零，具体步骤为：

①将实验模块调节增益电位器 R_{w2} 顺时针调节到大致中间位置；

②将放大电路输入端短接并与地相连；

③输出端 V_{o2} 与主实验箱上的数显表电压输入端 V_i 相连；

④将数显表的切换到 2V 档，调节实验模块上调零电位器 R_{w3}，使数显表显示为零；

⑤将放大电路输入端与地短接的输入线拆除。

注：调零完成后，R_{w2}、R_{w3} 增益调节电位器的位置确定后不能改动。

5. 按图 2-14 所示完成电路连线

①将应变片接入电路，将 R_1、R_2、R_3、R_4 接入桥路；

②从主实验箱引入 ±5V 电源，注意接地端与 ±15V 接地端短接（共地）；

③接好电桥调零电位器 R_{w1}；

④将测量电路信号接入放大器输入端；

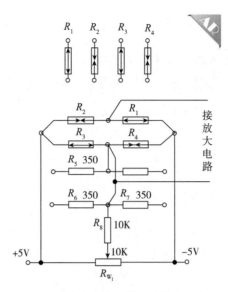

图2-14 应变式传感器实验接线示意图

6.检查接线无误后，合上主实验箱电源开关。

7.电桥调零：调节R_{W_1}，使数显表显示为零。

8.依次放入砝码，观察数显表，记录数据填入表2-1，直到200g砝码加完。

9.数据记录完成后，关闭电源、整理器材。

10.根据表2-1数据计算系统灵敏度和线性度。

注意事项：

1.不要在砝码上放置超过1kg的物体，否则容易损坏传感器。

2.电桥电压为±5V，绝不可错接±15V。

三、数据处理与分析

1.根据实验数据，填入表2-1。

表2-1 电阻式传感器负载重量与输出电压值

重量W（g）									
电压U（mV）									
拟合电压值U（mV）									
偏差Δy（mV）									
最大偏差Δy_m（mV）									

2.根据表2-1数据作出电阻式传感器负载重量与输出电压值的特性曲线。

3.计算电阻式传感器负载重量与输出电压值的拟合方程，并根据拟合方程计算拟合电压值、偏差和最大偏差，填入表2-1中。

4.计算系统灵敏度和线性度。

模块二 电阻式传感器

巩固练习

1.在SY-K11型传感器仿真实训平台上，完成《金属箔式应变片--单臂电桥性能实验》、《金属箔式应变片——半桥性能实验》和《金属箔式应变片——全桥性能实验》，观察三者在接线方式上的差异，记录分析三者负载重量与输出电压的特性曲线。

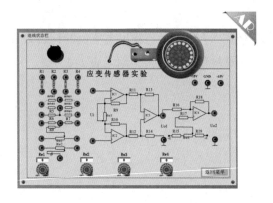

2.在SY-K11型传感器仿真实训平台上，完成《电子秤实验》，了解电阻式传感器及桥式电路如何应用于实际，并说一说标定的作用。

任务三 熟知电阻式传感器的医学应用

任务目标

» 1. 能列举在医学领域中应用电阻式传感器测量的常见参数。

» 2. 能列举应用电阻式传感器的常见医疗设备。

学习导入

电阻式传感器与相应的测量电路所组成的测量仪表常被用于称重、测力、测压、测位移、加速度等，是电力、交通、商业、冶金等部门实现生产过程自动化不可缺少的工具之一。在医用领域，电阻式传感器应用也颇为广泛，常用来测量血压、眼压、脉搏、脉象和血管直径等。

任务描述

请查阅电阻式传感器医学应用的相关资料，以"电阻式传感器的医学应用"为主题，图文结合制作演示文稿或手绘小报，与身边的同学和朋友交流分享吧！

知识导航 ////////////

一、血压测量

1.无创血压测量 无创血压测量是一种间接测量人体血压的方法，由于其测量方便且无创伤，在临床上已经得到了广泛的应用。日常我们所用的电子血压计（图2-1）就是一种应用无创血压测量原理进行血压测量的医疗仪器。通常由袖带、传感器、充气泵和测量电路组成。使用时把袖带绑在测量血压的部位，袖带会自动充气到一定压力，此时会完全压迫动脉血管并阻断血流。然后随着袖带压力的缓慢减低，动脉血管将呈现阻闭到渐开再到全开的过程。在此减压过程中动脉血管壁的搏动将导致袖带内气体产生振荡信号，通过对振荡信号的处理和分析，最后经过处理器处理后显示出血压值。可见，电子血压计的核心部件是一个能够感应压力的传感器，当血液在血管中流动时，传感器能感受到血管的搏动，并将压力变化转化为电信号。

图2-15（a）所示是一种压阻式压力传感器，常被用于家用臂式电子血压计中，上端的引嘴与连接袖带的导管相连，以空气为介质，间接传递血压。内部核心部分是硅压阻式压力敏感芯片，它是由一个弹性膜及集成在膜上的四个压敏电阻组成，四个压敏电阻形成了电桥，当有压力作用在弹性膜上时电桥会产生一个与所加压力成线性比例关系的电压输出信号，其引脚定义如图2-15（b）。近年来，兴起的可穿戴腕式电子血压计中采用的也是此类传感器。除电子血压计外，还被应用于监护仪、呼吸机等医疗仪器中。

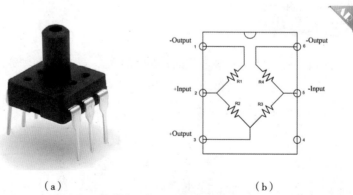

（a）   （b）

图2-15　无创血压测量用传感器

2.有创血压测量 有创血压测量由于其测量精度高，主要用于血流动力学不稳定且对治疗反应不良的高危患者，或需要获得精确的血流动力学资料以提供临床参考的患者，如急性心肌梗塞患者，严重心力衰竭或低血压、休克患者。因此，有创血压测量在医院中得到了广泛的应用。

测量有创血压时，首先将导管通过穿刺，置于被测部位的血管内，导管的外端直接与压力传感器相连接。由于流体具有压力传递作用，血管内的压力将通过导管内的液体传递到外部的压力传感器上，从而可获得血管内实时压力变化的动态波形，通过特定的计算方法，可获得被测部位血管的血压。图2-16（a）所示为一种用于有创血压测量的传感器，它属于电阻应变式传感器，其结构如图2-16（b）所示，血液通过导管进入传感器使得膜片发生位移，位移通过传递杆影响弹簧片，进而引起弹簧片上4个应变片的阻值发生变化，通过电桥转化为电压，测得血压。

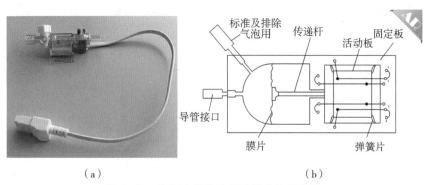

（a）　　　　　　　　　　　　　　　（b）

图 2-16　有创血压传感器及其结构示意图

二、眼压测量

眼内压的变化会引起很多的眼科疾病，青光眼就是由于眼压过高引起的。压平眼压计（图2-17）是目前国际上常用的眼压测量方法之一，长期以来被认为是眼压测量的规范标准。

图 2-17　眼压计实物图

充满液体的球体内压可以通过测量压平球体表面所需的力量来确定。在压平眼压计测量过程中，利用测压探头加压于角膜，从所加的压力与角膜之间的接触面积来推测眼内压。眼压计压力传感器结构如图2-18所示，使用时眼压计前端平面对眼球施压，当眼压计接触到角膜的时候，压力传动杆产生位移，使压力传感器中产生电信号。该传感器还带有两块金属弹簧片的机械微结构，用以支持压力传动杆，形成一个直线型的机械系统。当F_2作用于压力传动杆，在金属弹簧片的四个臂将产生巨大的张力。惠斯通电桥结构中的四个扩散电阻直接粘贴在弹簧片上面，形成张力计（电阻应变式传感器）。机械张力引起张力计的电阻率变化，并且与压力F_2成比例，从而产生输出电压。由于每一次接触过程中角膜的压平只持续几毫秒，并且每一次接触都有偏差，所以在进行测量时，需要将仪器与角膜接触几次（即测量几次），对几次的结果进行计算得出眼压测量值。

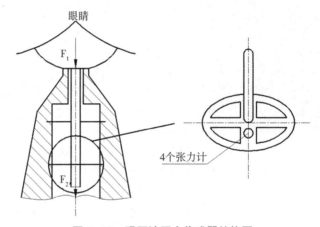

图2-18　眼压计压力传感器结构图

三、脉搏测量

1.扩散型脉搏传感器　动脉血管随心脏收缩与扩张而周期性波动的现象称脉搏。心脏在周期性搏动中挤压血管引起动脉管的弹性变形，在体表动脉各处都可以测得这种脉搏波。脉搏波反应心血管系统的有用信息，在生理测量和临床监护中广泛应用。

图2-19为扩散硅型脉搏计的结构图，这是一个高灵敏的换能器，非常适合测量体表动脉的脉搏波。其核心为一扩散硅膜片，硅膜片上扩散有4个接成全桥的电阻，引线由导线管引出，脉搏计的室内充有硅油，以传递由硅橡胶膜感受到的压力变化。压阻效应引起力敏电阻的变化，再通过测量

电路实现脉搏波的测量，包括脉搏波波形和幅度变化的测量。这种传感器体积小，重复性好，可以测量指尖、桡骨、手腕上部等部位的脉搏。

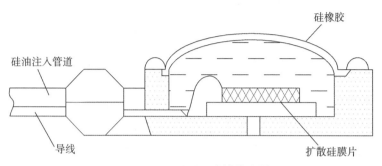

图 2-19　扩散硅型脉搏传感器

2.中医脉象仪　在古老而深邃的中医殿堂中，诊脉作为"四诊"之首，承载着千年的智慧与经验。中医脉象图仪（图2-20）是应用脉搏测量技术，客观描记反映中医脉象特征的脉象图仪器。它能模拟中医传统的切脉方法，将脉搏（波）传感器置于桡动脉的寸、关、尺各部位，在施以不同强弱的适当压力下，检测脉搏信号，从而感知和记录各种取脉压力下的脉搏强弱、节律、形态、脉位的深浅和脉体粗细等特征。

图 2-20　中医脉象图仪

中医脉象图仪由脉搏（波）传感器、加压机构和固定装置组成。脉搏（波）传感器用得较多的一种是半导体应变片测压型。把传感器置于被测部位，将脉搏的搏动转换成电信号，再输入放大电路，将微弱的生理病理信号用记录仪记录，或用计算机处理，再对脉搏波进行分析诊断。中医脉象图仪实现了中医脉诊可视化和中西医结合为疾病的诊断、疗效评估和预后判断提供了重要参考。

四、血管直径测量

1.血管内径　血管内径计的传感器结构如图2-21所示，传感器在细导管端部，由两根不锈钢悬臂梁构成。经热处理后，两端头叉开的距离比待测血管稍大，两梁固定端附近各贴一片半导体应变片。测量时，先将传感器收拢在导管内，然后将其插入待测血管中，拉一下导管，不锈钢悬臂梁即弹出，搭住血管内壁。随着血管搏动，传感器上的应变片的电阻即发生变化。电阻变化通过测量电桥转换成电压变化，测电压即可测得血管内径尺寸。

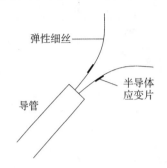

图 2-21 血管内径传感器结构图

2.血管外径 测量血管外径的弹性元件（图 2-22）是一个不锈钢圈，经热处理后，其形状略比待测血管大。使用时将弹性不锈钢圈套住血管，两端用弹性丝缚牢。血管搏动时，弹性圈变形，使贴在上面的箔式应变片变形而产生电阻变化。应变片接入电桥，获得与血管外径成比例的输出，这种传感器曾用来测量腔静脉的外围。

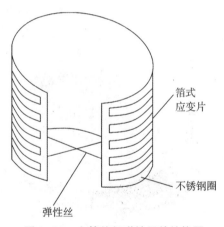

图 2-22 血管外径弹性元件结构图

 任务实施 /////////////

以本任务知识导航中的内容为基础，查阅相关资料，参照模块一"走进医用传感器的世界"中的任务一"认识医用传感器"任务实施步骤，以"电阻式传感器的医学应用"为主题制作演示文稿或手绘小报。

任务评价

序号	评价内容	评价要素	评分标准	得分
1	主题	突出主题：电阻式传感器的医学应用	很好（14～20） 一般（8～13） 较差（0～7）	
2	内容	内容完整，涵盖医学领域中应用电阻式传感器测量的常见参数和医疗设备	很好（14～20） 一般（8～13） 较差（0～7）	
		文字表述正确，图表表达准确	很好（14～20） 一般（8～13） 较差（0～7）	
3	构思	结构合理，逻辑严谨	很好（8～10） 一般（4～7） 较差（0～3）	
4	素材	图片及其他素材运用合理	很好（8～10） 一般（4～7） 较差（0～3）	
5	美化	文字清晰，重点突出	很好（8～10） 一般（4～7） 较差（0～3）	
		布局合理，配色优美	很好（8～10） 一般（4～7） 较差（0～3）	
总分				

巩固练习

简答题

1.列举应用电阻式传感器所测量的常用医学参数。

2.简述电阻式传感器应用于电子血压计中的工作原理。

模块二 电阻式传感器

模块三
电感式传感器

📑➡ **模块导学**

电感式传感器是将被测量变化转换成电感量变化的传感器，测量时利用电磁感应原理先将被测量转换成线圈自感或互感变化，再由测量电路转换成电压或电流的变化量输出，主要包括自感式、互感式和电涡流式三种。

电感式传感器具有结构简单、重复性好、工作稳定等优点，主要缺点是灵敏度、线性度和测量范围相互制约，不适用于快速动态测量，常被用于测量位移、振动、压力等物理量。在医学领域中，电感式传感器可以用于微小位移的检测，如肢体震颤、呼吸运动测量等。

任务一　辨识电感式传感器

任务目标

» 1. 能说出电感式传感器的定义、分类和基本结构。

» 2. 能初步辨识不同类型的电感式传感器。

» 3. 能理解电感式传感器的工作原理。

学习导入

　　呼吸是人体重要的生命体征，一个人需要通过呼吸吸入氧气以维持身体各组织和器官的运转，同时呼出二氧化碳等废气，因此呼吸是非常重要的自发运动，不能停止。早产儿由于呼吸系统的结构和功能发育不成熟，可能发生呼吸障碍或呼吸暂停，如发现不及时，将导致严重后果，最常见的为痉挛性脑性瘫痪或耳聋。

　　临床中，常应用呼吸暂停监护仪（图3-1）来监测早产儿呼吸情况，其中常用电感式传感器作为采集新生儿的呼吸采集传感器，下面让我们一起认识电感式传感器。

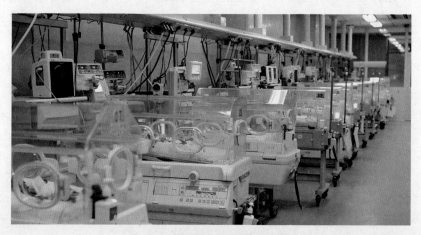

图 3-1　新生儿呼吸暂停监护仪

任务描述

观察图3-2所示的传感器，请辨认它属于哪一大类传感器，并根据其结构特征判断它属于哪种类型。

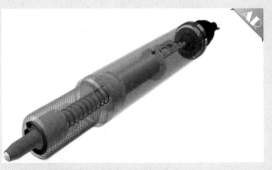

图3-2 传感器

KNOWLEDGE 知识导航 ///////////

简单来说，电感式传感器是基于电磁感应原理，利用线圈自感或互感的变化来实现非电量测量的一种装置。生物医学上常用的电感式传感器有两种，一种是自感式电感传感器，另一种是互感式电感传感器。虽然它们的结构形式有所不同，但它们都包括线圈、铁芯和活动衔铁三个部分。此外，还有电涡流式传感器。

一、自感式电感传感器

自感式电感传感器是把被测位移量转换为线圈的自感变化，将传感器线圈接入测量转换电路后，自感变化将被转换成电压、电流或频率的变化，从而完成非电量到电量的转换。自感式传感器在使用时，其运动部分与衔铁相连，当衔铁移动时，导致线圈电感值发生改变，只要测量电感量的变化，就能确定移动铁芯位移量的大小和方向。自感式电感传感器根据结构的不同又分为变气隙式、变面积式和螺线管式，其结构示意图如表3-1所示。

模块三 电感式传感器

表3-1　自感式传感器结构示意图

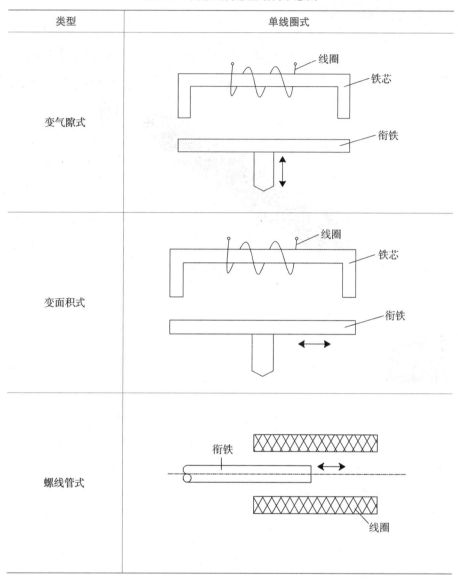

类型	单线圈式
变气隙式	
变面积式	
螺线管式	

保持磁路气隙面积不变，而只改变磁路气隙厚度时，则电感量为气隙厚度的单值函数，构成变气隙式自感传感器。实质上，变气隙式自感传感器就是一个带铁芯的线圈，线圈套在固定铁芯上，活动衔铁与被测物相连，当衔铁上、下移动时，磁路气隙厚度就发生了改变。当被测量带动衔铁左、右移动时，磁路气隙面积将发生变化，若保持气隙厚度为常数，则电感量与气隙面积呈线性关系，这就是变面积式自感传感器的原理。螺线管式自感传感器是由一只螺管线圈和一根柱形衔铁组成，当被测量作用在衔铁上时，会引起衔铁在线圈中深入长度的变化，从而引起电感量发生变化。当

线圈参数和衔铁尺寸一定时，电感相对变化量与衔铁插入长度的相对变化量成正比。但由于线圈内磁场强度沿轴向分布并不均匀，因而这种传感器的输出特性为非线性。对于长螺管线圈，当衔铁工作在螺管的中部时，可以认为线圈内磁场强度是均匀的。此时，线圈电感量与衔铁插入深度成正比。

变气隙式自感传感器只能工作在一段很小的区域，因而只能用于微小位移的测量。变面积式自感传感器的灵敏度与前者相比较小是常数，因而线性度较好，量程较大，适用于较大位移的测量。螺线管式自感传感器灵敏度较低，且衔铁在螺线管中间部分工作时，才有希望获得较好的线性关系，但量程大且结构简单，易于制作和批量生产，在实际应用中使用最广泛，适用于大位移的测量。

对于上述三种传感器，由于线圈中有交流励磁电流，因而衔铁始终承受电磁吸力，而且易受电源电压、频率波动以及温度变化等外界干扰的影响，输出易产生误差，非线性也较严重，因此不适合精密测量。在实际工作中，常采用两个完全相同的单个线圈的电感传感器共同使用一个活动衔铁，构成差动式自感电感传感器。将差动式的活动衔铁置于两个线圈中间，当衔铁移动时，两个线圈的电感产生相反方向的增减，然后利用电桥电路，获得比单个工作方式更高的灵敏度和更好的线性度。而且，对外界影响，如温度的变化、电源频率的变化，基本可以互相抵消，衔铁承受电磁力也较小，从而减小了测量误差。

二、互感式电感传感器

把被测的非电量变化转换为线圈互感量变化的传感器称为互感式传感器。它是根据变压器的基本原理制成的，即把被测位移量转换为一次线圈与二次线圈间的互感量变化，当一次线圈接入激励电源后，二次线圈将产生感应电动势，当两者间的互感量变化时，感应电动势也相应变化。由于两个二次线圈采用差动接法，故又常被称为差动变压器式传感器，简称差动变压器。差动变压器结构形式也可分为变隙式、变面积式和螺线管式等，其常见结构示意图如表3-2所示。

表 3-2　互感式传感器（差动变压器传感器）常见结构示意图

类型	常见结构示意图
变气隙式	
变面积式	
螺线管式	

变气隙式差动变压器，其衔铁均为板形，灵敏度高，测量范围则较窄，一般用于测量几微米到几百微米的机械位移。变面积式差动变压器常用于测量转角，可测到几秒的微小位移。实际应用最多的是螺线管式差动变压

器，它可测量 $1 \sim 100\,\text{mm}$ 范围内的机械位移，并具有测量精度高、灵敏度高、结构简单、性能可靠等优点。

三、电涡流式电感传感器

电涡流式电感传感器是根据电涡流效应制成的传感器。电涡流效应指的是这样一种现象：根据法拉第电磁感应定律，块状金属导体置于变化的磁场中或在磁场中作切割磁力线运动时，通过导体的磁通量将发生变化，产生感应电动势，该电动势在导体表面形成电流并自行闭合，状似水中的涡流，称为电涡流。电涡流只集中在金属导体的表面，这一现象称为趋肤效应。

电涡流式电感传感器原理结构如图 3-3 图所示，它由传感器激励线圈和被测金属体组成。根据法拉第电磁感应定律，当传感器激励磁线圈中通以正弦交变电流时，线圈周围将产生正弦交变磁场，使位于该磁场中的金属导体产生感应电流。该感应电流又产生新的交变磁场。新的交变磁场的作用是为了反抗原磁场，这就导致

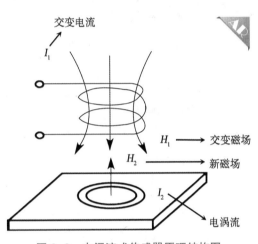

图 3-3　电涡流式传感器原理结构图

传感器线圈的等效阻抗发生变化。线圈阻抗的变化完全取决于被测金属导体的电涡流效应。

电涡流传感器灵敏度高，结构简单，抗干扰能力强，能对位移、厚度、表面温度、速度、应力、材料损伤等进行非接触式连续测量。这类元件在生理测量工作中具有突出优势，被测对象可以脱离电源，传感器对被测对象不产生附加阻力。

任务实施 ////////

1.观察图 3-2 可明显看到该传感器中有线圈，根据电感式传感器的组成和作用原理，基本可判断该传感器为电感式传感器。

2.仔细观察图3-2，能够发现该传感器有多组线圈以及一根可自由移动的杆状物，根据其结构特征，可判断该传感器为差动变压式电感传感器。

3.再次观察图3-2，能看到该传感器组成结构包括外管、内管、线圈、铁芯、前后端盖、电路板、屏蔽层、出线等部分构成。除去必要的机械结构，根据电感传感器的工作原理，大致可判断该传感器主要用于测量位移或振动。

4.进一步思考该传感器中电路板的作用，可初步判断是用于为初级线圈提供激励信号，并对次级线圈产生的输出信号进行处理。

5.以图片方式上网检索信息，可以查到该传感器是差动变压器式位移传感器，验证判断的正确性。

 巩固练习

一、填空题

1.电感式传感器是建立在＿＿＿＿＿＿基础上的，电感式传感器可以把输入的物理量转换为＿＿＿＿＿＿或＿＿＿＿＿＿的变化，并通过测量电路进一步转换为电量的变化，进而实现对非电量的测量。

2.自感式电感传感器由于结构上的不同，可分为三类，分别是＿＿＿＿＿＿、＿＿＿＿＿＿、＿＿＿＿＿＿。

3.互感式电感传感器又被称为＿＿＿＿＿＿，差动变压器结构形式有＿＿＿＿＿＿、＿＿＿＿＿＿和＿＿＿＿＿＿等。

4.电涡流式电感传感器是根据＿＿＿＿＿＿效应制成的传感器，在生理测量工作中具有突出优势，被测对象可以＿＿＿＿＿＿，传感器对被测对象不产生附加阻力。

5.辨识下列电感式传感器的类型：

（a）＿＿＿＿＿＿、（b）＿＿＿＿＿＿、（c）＿＿＿＿＿＿。

（a）　　　　　　　　（b）　　　　　　　　（c）

二、简答题

1.什么是电感式传感器?

2.自感式电感传感器有几种结构形式? 各有什么特点?

3.简述互感式传感器又被称为差动变压器的原因。

目标检测

扫一扫完成测试

任务二　测定电感式传感器的特性

任务目标

» 1. 能根据要求完成电感式传感器特性测定的实验操作。

» 2. 能正确绘制电感式传感器的特性曲线。

» 3. 能正确计算电感式传感器的灵敏度和线性度。

任务描述

　　现在相信你已经知道什么是电感式传感器以及不同类型电感式传感器的结构和工作原理。在医学领域，通常将所需测量的各类参数通过一定的方法转换成位移量，然后再应用电感式传感器进行测量。下面我们将学习测定螺线管式差动变压器的位移特性，分析其灵敏度和线性度。

知识导航

一、螺线管式差动变压器

　　本任务中采用三段式螺线管差动变压器。图3-4（a）为螺线管式差动变压器的结构示意图，一次线圈绕于线圈骨架中间，两个二次线圈分别对称地绕于一次线圈两侧，铁芯置于线圈骨架内。

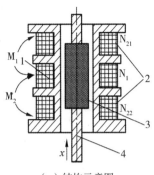
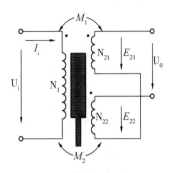

（a）结构示意图　　　　　　（b）等效电路图

图 3-4　螺线管式差动变压器结构示意图及等效电路

1——次绕组　2—二次绕组　3—衔铁　4—测杆

在理想状态下，差动变压器的等效电路如图 3-4（b）所示，差动变压器在一次线圈加上交流电压后，若衔铁位于中间位置，即 $M_1 = M_2$ 时，输出电压为 0；若衔铁偏离中间位置时，$M_1 \neq M_2$，输出电压发生变化，其大小与位移成正比，正负反映了衔铁的运动方向。

二、差动变压器的零点残余电压

理想状态下，当衔铁位于中间位置时，差动变压器输出电压应等于零，但实际上，无论怎样调节衔铁，均无法使输出电压为零，总有一个很小的输出电压，差动变压器的输出特性如图 3-5 所示。我们把差动变压器在零位移时的输出电压称为零点残余电压，记作 ΔU_0，它的存在使传感器的输出特性不经过零点，造成实际特性与理论特性不完全一致。

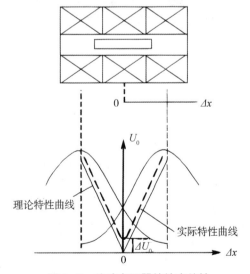

图 3-5　差动变压器的输出特性

产生零点残余电压的原因有：①差动电感两个线圈的参数不完全对称；②存在寄生电容；③激励电压含有高次谐波；④磁路的磁化曲线存在非线性。实际应用差动变压器时，常采用差动整流电路来减小零点残余电压。

任务实施 ......

一、需用器件与单元

螺线管式差动变压器1个［图3-6（a）］、差动变压器实验模板1块［图3-6（b）］、测微头1个（图3-7）。

主实验箱：稳压电源、数字电压表、音频振荡器、双踪示波器。

（a）螺线管式差动变压器

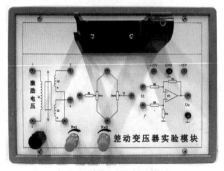

（b）差动变压器实验模块

图 3-6　螺线管式差动变压器及其实验模块

图 3-7　测微头

二、操作步骤

1.将差动变压器实验模块装于主实验箱上。

2.按图3-8连线示意图完成传感器安装与连线：

①将螺线管式差动变压器及测微头装于差动变压器实验模块上。

②将螺线管式差动变压器航空插头插入实验模块航空插座中。

③一级线圈的两端与主实验箱上音频振荡器及示波器第一通道相连。

④二次线圈两端与示波器第二通道相连。

⑤差动变压器验模块与主实验箱的 ±15V 电源和地线相连。

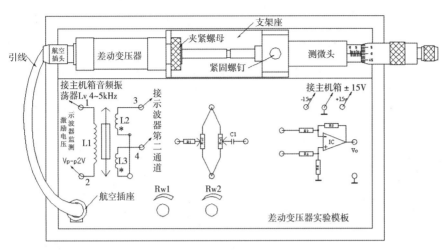

图 3-8　差动变压器位移实验接线示意图

3.确认连线无误，打开主实验箱电源开关。

4.调节主实验箱上的音频振荡器，使输出频率为5kHz，同时观察示波器第一通道，使幅度为峰–峰值（Vp–p）=2V。

5.松开测微头的安装紧固螺钉，移动测微头使差动变压器衔铁位置大约处在中间位置。

6.观察示波器第二通道波形，小幅调整测微头，当Vp–p处于较小值时，拧紧紧固螺钉，再次仔细调节测微头的微分筒使输出波形Vp–p为最小值（将该位置定为位移的相对零点。这时可以左右位移，假设其中一个方向为正位移，则另一个方向位移为负）。

7.从相对零点位置开始旋动测微头的微分筒，每隔1mm（螺旋测微计每转动一圈为0.5mm，即转动2圈），从示波器上读出输出电压Vp–p值，填入表3-3相应位置，共记录5个数据，完成后再将测位头退回到零点反方向做相同的位移实验，再记录5个数据。

8.数据记录完成后，关闭电源、整理器材。

9.根据表3-3数据计算差动变压器的系统灵敏度和线性度。

注意事项

1.从相对零点决定位移方向后，测微头只能按所定方向调节位移，中途不允许回调，否则将引起由于测微头的机械回差而导致的位移误差。

2.实验时每点位移量须仔细调节，绝对不能调节过量而回调，如过量则只好剔除这一点继续做下一点实验或者回到零点重新做实验。

3.当一个方向行程实验结束，开始测另一方向，当测微头回到输出波形Vp–p最小处时，它的位移读数有变化（没有回到原来起始位置），这是正常的。

三、数据处理与分析

1.根据实验数据，填入表3–3。

表3–3　电感式传感器位移与输出电压值

位移（mm）	-5	-4	-3	-2	-1	0	1	2	3	4	5
电压U（mV）											
拟合电压值U（mV）											
偏差Δy（mV）											
最大偏差Δy_m（mV）											

2.根据表3–3数据绘制出测微头左移和右移时传感器的特性曲线，并计算差动变压器位移与输出电压值的拟合方程、拟合电压值、偏差和最大偏差，填入表3–3中。

3.分段计算左移和右移时差动变压器测量位移的灵敏度和线性度。

任务评价

序号	评价内容	配分	扣分要求	得分
1	差动变压器的识别和安装	10	差动变压器识别不正确，扣5分 安装与连接不准确，每处扣2分	
2	测定差动变压器传感器的位移特性操作	30	步骤操作不规范，每次扣5分	
3	数据记录	30	数据记录不真实，每处扣3分	
4	数据处理与分析	30	曲线绘制不准确，每处扣2分 数据计算不准确，每处扣2分	
任务成绩：				

巩固练习

在SY-K11型传感器仿真实训平台上，根据操作提示完成《差动变压器的应用——振动测量实验》，观察输出波形随振动的变化情况。

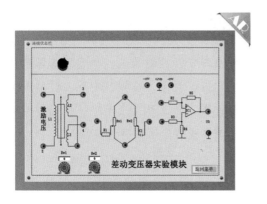

任务三　熟知电感式传感器的医学应用

任务目标

» 1.能列举在医学领域中应用电感式传感器测量的常见参数。

» 2.能理解电感式传感器在测量各类参数时的工作原理。

学习导入

　　电感式传感器可将微小的机械量，如位移、振动、压力等造成的长度、内径、外径、不平行度、不垂直度、偏心、椭圆度等非电量物理量的几何变化转换为电信号的微小变化，转化为电参数进行测量，被广泛应用于各种工程物理量检测与自动控制系统。电感传感器还可用作磁敏速度开关应用于纺织、化纤、机床、机械、冶金、机车汽车等行业的链轮齿速度检测、齿轮计数、转速表及汽车防护系统的控制等方面。那么电感式传感器在医学领域的应用又有哪些呢？

任务描述

　　请查阅电感式传感器的医学应用相关资料，以"电感式传感器的医学应用"为主题，图文结合制作演示文稿或手绘小报，与身边的同学和朋友交流分享吧！

在生物医学领域，需要测定各种力学量（位移、力、速度、加速度等），由于这些力学量都与位移有一定的关系，因此通常先将各种力学量通过一次变换器变换成位移量，然后用电感式传感器进行测量，电感式传感器常被用于测量呼吸、血压、肢体震颤等方面。

一、血压测量

图3-9是用于血压测量的电感式传感器的结构示意图。图中的导磁金属膜片既是压力的敏感元件，又是差动电感的公用衔铁。两个差动电感线圈绕制在罐状铁氧体磁芯上，磁芯的孔作用为传递压力。为了便于清洗，传感器的内外腔用塑料薄膜隔开，内腔充满硅油。当金属膜片两侧压力不相等时，金属膜片凹向压力小的一边，引起位于金属膜片两侧的差动电感线圈的电感量变化，外接电桥不平衡就可以有电压输出，进而测得压力大小。

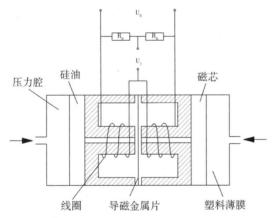

图3-9　用于测量血压的电感式传感器结构示意图

二、肢体震颤测量

用于肢体震颤测量的电感传感器也是按照差动电感器原理设计的，如图3-10所示。它的两个电感线圈也是绕制在具有环形气隙的罐状铁氧体磁芯上的。该差动电感传感器的公用衔铁是固定在圆形的螺旋弹簧膜片上的铁氧体质量块。当传感器外壳（固定在被测肢体上，如指端）的振动频率远小于弹簧膜片的固有频率时，公用衔铁相对传感器外壳的位移正比于被测加速度，于是传感器的输出正比于肢体震颤的加速度。

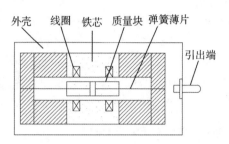

图 3-10　用于肢体震颤测量的电感传感器结构示意图

三、呼吸测量

测量患者的呼吸次数，是了解其身体状况的常用指标，在家庭急救中至关重要。利用呼吸电感体积描记法技术可以有效地记录胸腹呼吸运动。其基本原理是在体外通过测量肺部和腹部横断面积的变化来实现肺通量的连续测量。呼吸电感体积描记法采用二导联，如图 3-11 所示，其中一导联记录胸部运动，另一导联记录腹部运动。将一根金属导线呈正弦波状排列在一条带子上（图 3-12），带子分别绑在胸部和腹部，形成类似电感线圈的电感体，金属导线通过高频低幅交流电，变化的电流产生磁场，磁场变化产生感应电动势（电压），感应电动势（电压）和自感系数（电感）成正比，通过计算可以得到电感值。电感体的直径随胸部和腹部的起伏而变化，因此电感的大小也随之变化，电感大小和直径的大小成正比关系，能够很好地反映胸腹部的运动。

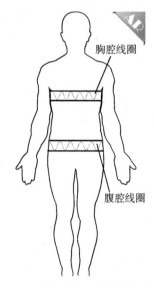

图 3-11　呼吸电感体积描记法示意图

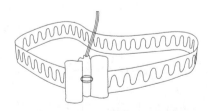

图 3-12　测量呼吸用电感传感器

呼吸电感体积描记法测量的是电感体的磁场变化，不会受到外界的干扰，因此结果相当可靠，适宜动态监测，并具有无创、非侵入性测定通气量的优点。现已越来越多地运用在智能穿戴设备中用于记录胸腹呼吸运动，对于辅助诊断睡眠呼吸暂停综合症具有重要意义。

此外，用于监视婴儿呼吸情况的监护仪，其传感部分是采用双线圈变压器原理设计的。两个带有铁氧体铁芯的线圈对称地放在婴儿的两侧肋骨边缘上。婴儿呼吸时，由于肺部容量的变化周期性地改变了两个线圈之间的距离，使次级线圈中的感应电势出现周期性变化。当电势的周期性变化出现异常时，表明婴儿可能出现呼吸暂停，监护仪将发出报警提示医护人员。

四、机体内部尺寸测量

1.左心室尺寸测量　二个完全一样的铁氧体铁芯的线圈，缝在心脏的相对二壁。将交流信号加在一个线圈上，同时另一个线圈接在一高增益放大器和解调器上，可以得到一个输出信号与线圈间距成三次方根的线路。用这一方法可以线性地记录左心室尺寸的变化。

2.血管直径测量　如图3-13所示，血管内径测量计由二个细铜丝小环形成耦合回路，用硅橡胶粘合剂把它们与弹性钢丝圈胶在一起，整个线圈在自由状态的大小比待测血管直径略大。使用时先将线圈套在导管内，当导管端引到被测血管中时，即将线圈伸出。血管直径的变化，使钢丝圈变形，带动初、次级线圈变形，从而改变线圈互感量。为测得动脉直径，补偿线圈上的开关闭合，使次级线圈上的全部幅值可以测出，然后通过校准曲线求得直径。

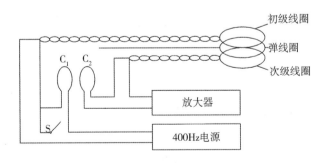

图3-13　电感型血管内径测量计

任务实施

以本任务知识导航中的内容为基础，查阅相关资料，以"电感式传感器的医学应用"为主题制作演示文稿或手绘小报。

任务评价

序号	评价内容	评价要素	评分标准	得分
1	主题	突出主题：电感式传感器的医学应用	很好（14~20） 一般（8~13） 较差（0~7）	
2	内容	内容完整，涵盖医学领域中应用电感式传感器测量的常见参数及工作原理	很好（14~20） 一般（8~13） 较差（0~7）	
		文字表述正确、图表表达准确	很好（14~20） 一般（8~13） 较差（0~7）	
3	构思	结构合理、逻辑严谨	很好（8~10） 一般（4~7） 较差（0~3）	
4	素材	图片及其他素材运用合理	很好（8~10） 一般（4~7） 较差（0~3）	
5	美化	文字清晰、重点突出	很好（8~10） 一般（4~7） 较差（0~3）	
		布局合理、配色优美	很好（8~10） 一般（4~7） 较差（0~3）	
总分				

巩固练习

一、简答题

1.列举应用电感式传感器所测量的常用医学参数。

2.简述电感式传感器应用于呼吸测量中的工作原理。

二、拓展题

电阻式和电感式传感器都能应用于血压测量，试分析两者的区别。

模块四
电容式传感器

📖➡ 模块导学

电容式传感器是指能将被测物理量的变化转换为电容变化的一种传感元件，其具有结构简单、体积小、分辨率高、稳定性好和对高温、辐射、强震等恶劣条件适应性强等优点。根据决定电容量变化的参数，电容式传感器可分为变间距型、变面积型和变介电常数型。

电容式传感器广泛用于位移、振动、角度、加速度，以及压力、液面（料位）、成分含量等物理量的测量。在医用领域常用于血压、呼吸等生理参数的测量。在医学仪器中，一般起到声电转换、位置反馈的作用，应用于助听器、心音仪、呼吸测量仪等医疗器械中。

任务一　辨识电容式传感器

任务目标

» 1. 能说出电容式传感器的定义、分类和基本结构。

» 2. 能初步辨识不同类型的电容式传感器。

» 3. 能理解电容式传感器的工作原理。

学习导入

助听器是一种生活中常见的康复类医疗器械（图4-1），它是目前帮助听力障碍患者改善听力的最有效工具。现有一患者反映使用多年的助听器，近期出现了问题，佩戴后仍无法听清声音，经过维修工程师的排查发现是助听器的传感器出现了故障需要更换。

助听器中所用的传感装置是驻极体式电容传感器。那么你知道电容传感器是什么吗？你了解它是如何工作的吗？

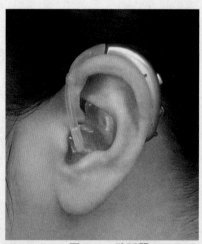

图4-1　助听器

图4-2　传感器

观察图4-2所示传感器，请辨认它属于哪一大类传感器。根据其外观特征，结合它可能的用途，判断它属于哪种类型。

 知识导航 ////////////

电容器是电子技术的三大类无源元件（电阻、电感和电容）之一。利用电容器的原理，将非电量转换成电容量，进而实现非电量到电量转化的器件或装置，称为电容式传感器。实际上它本身就是一个可变电容器。

一、电容式传感器的基本工作原理

电容式传感器的常见结构包括平板状和圆筒状，简称平板电容器或圆筒电容器。

1.平板电容器　把两块金属极板用介质隔开就构成一个简单的平板电容器，其结构如图4-3所示。由物理学知识可知，在不考虑边缘效应时，其电容量为：

$$C=\frac{\varepsilon S}{d}=\frac{\varepsilon_0\varepsilon_r S}{d} \qquad (4-1)$$

式（4-1）中，C是电容量；ε是两极板间介质的介电常数，ε_r是两极板间介质的相对介电常数，ε_0是真空介电常数，$\varepsilon_0=8.85\times10^{-12}$（单位：$Fm^{-1}$）；$d$是两极板间的距离；$S$是两极板间相互遮盖面积。

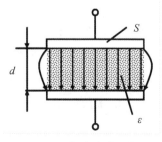

图4-3　平板电容器结构图

模块四　电容式传感器

2.圆筒电容器　圆筒电容器其结构如图4-4所示，在不考虑边缘效应的情况下，其电容量的计算公式为：

$$C = \frac{2\pi\varepsilon l}{\ln(R/r)} = \frac{2\pi\varepsilon_0\varepsilon_r l}{\ln(R/r)}$$ （4-2）

式（4-2）式中，l是内外极板所覆盖面积；R、r是外极板和内极板的半径；C、ε、ε_r、ε_0与式（4-1）中定义相同。

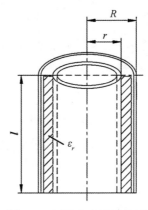

图4-4　圆筒电容器结构图

由式（4-1）可见，S、d、ε三个参数中任意一个变化时，平板电容C都会随之变化。由式（4-2）可见，l和ε两个参数中任意一个变化时，圆筒电容C都会随之变化。

在实际应用中，通常保持其中的一个参数（圆筒电容器）或两个参数不变（平板电容器）而仅改变另一个参数，并使该参数与被测量之间存在某种一一对应的函数关系，那么被测量的变化可以直接由电容C的变化反映出来，再通过适当的测量电路可以转换为相应的电量输出，这就是电容式传感器的基本原理。

二、电容式传感器的类型

根据决定电容量变化的三个参数，电容式传感器可分为变间距型电容传感器、变面积型电容传感器和变介电常数型电容传感器三种类型。变间距型和变面积型用于反映位移或者角位移的变化，也可以间接反映压力、加速度等物理量的变化；变介电常数型用于反映液面高度、材料厚度等参数变化。

（一）变间距型电容传感器

变间距型电容式传感器的结构原理如图4-5所示。

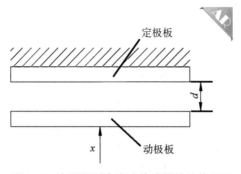

图 4-5　变间距型电容式传感器的结构原理

其中一极板为定极板，另一极板为动极板，两极板间的介电常数ε和相互遮盖面积S不变，初始间距为d，当可动极板位移x时，电容C变为：

$$C = \frac{\varepsilon S}{d \pm x} = C_0\left(1 \pm \frac{x}{d}\right)^{-1} \qquad (4-3)$$

由式（4-3）可见，变间距型电容式传感器的电容C随间距x的变化是非线性的，因此在实际应用中，总是使初始极距d尽量小，以提高其灵敏度，但这带来了行程较小的缺点。此外，为了减少外界因素（如电源电压波动、外界环境温度）影响，常将变间距型电容式传感器做成差动式结构或采用适当的测量电路来改善其非线性。

（二）变面积型电容式传感器

1.平板形直线位移式变面积型电容传感器　图4-6所示是平板形直线位移式变面积型传感器的结构原理图。当定极板不动，动极板做直线运动时，两极板的相对面积发生了改变，引起电容量的变化。当动极板随被测物体产生位移x后，此时的电容量C_x为：

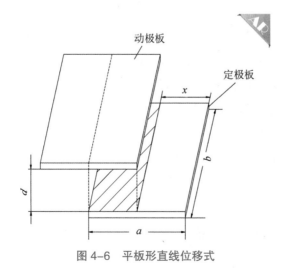

图 4-6　平板形直线位移式

$$C_x = \frac{\varepsilon b(a-x)}{d} = C_0\left(1 - \frac{x}{a}\right) \qquad (4-4)$$

由式（4-4）可见，平板形直线位移式变面积型传感器的电容量 C 与水平位移 x 呈线性关系。

2.同心圆柱形直线位移式变面积型电容传感器　图 4-7 所示是同心圆柱形直线位移式变面积型传感器的结构原理图。外圆柱不动，内圆柱在外圆柱内做上、下直线运动。设内、外圆柱的半径分别为 r、R，内、外圆柱原来的重叠长度为 h。当内圆柱向下产生位移 x 后，两个同心圆柱的重叠面积减小，引起电容量减小。此时的电容量 C_x 为：

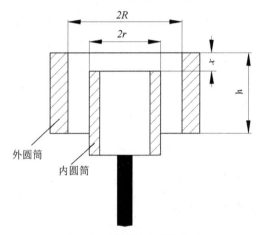

图 4-7　圆柱形直线位移式

$$C_x = \frac{2\pi\varepsilon(h-x)}{\ln(R/r)} = C_0\left(1 - \frac{x}{h}\right) \qquad (4-5)$$

由式（4-5）可见，同心圆柱形变面积型传感器的电容量 C 与竖直方向位移 x 呈线性关系。

3.半圆形角位移式变面积型传感器　图 4-8 所示为半圆形角位移式变面积型传感器，动极板可围绕定极板旋转，形成角位移。设两块极板初始重叠角度为 π，动极板随被测物体带动产生一个角位移 θ，两块极板的重叠面积 S 减小，电容量随之减小。

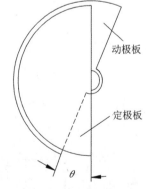

图 4-8　半圆形角位移式

此时的电容量 C_θ 为：

$$C_\theta = \frac{\varepsilon S}{d}\left(1 - \frac{\theta}{\pi}\right) = C_0\left(1 - \frac{\theta}{\pi}\right) \qquad (4-6)$$

由式（4-6）可见，半圆形角位移式变面积型传感器的电容量C与竖直方向位移x呈线性关系。

（三）变介电常数型电容传感器

由于各种介质的介电常数不同，如果在电容器的极板之间插入不同的介质，电容器的电容量将会变化。变介电常数型电容传感器利用的就是这种原理，它常被用来测量厚度［图4-9（a）］、位移［图4-9（b）］液位和流量［图4-9（c）］，还可根据极板间介质的介电常数随温度、湿度改变而改变来测量温度、湿度［图4-9（d）］等。

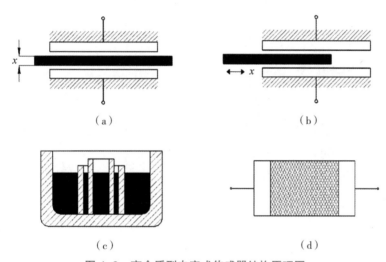

（a）　　　　　　　　　　　（b）

（c）　　　　　　　　　　　（d）

图 4-9　变介质型电容式传感器结构原理图

圆筒式液位传感器是变介电常数型电容传感器的典型应用，如图4-10所示。设电容器的高度为H，内筒半径为r，外筒半径为R，被测液体的介电常数ε_1，液体浸入液位传感器的高度即液面高度为h，液面上气体的介电常数为ε_0，则其电容C为：

$$C = C_1 + C_2 = \frac{2\pi\varepsilon_0(H-h)}{\ln(R/r)} = \frac{2\pi\varepsilon_1 h}{\ln(R/r)} \qquad （4-7）$$

由式（4-7）可见，液位传感器的电容C与液面高度h呈线性关系。

因而可用此类传感器方便地测量或监控液面的高度。

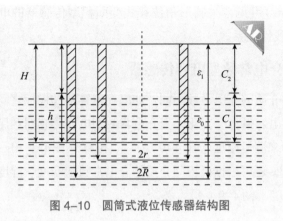

图 4-10　圆筒式液位传感器结构图

任务实施 ,,,,,,,,,,,,,,,,,,,,,,,,,

1.如图4-2所示，该传感器上端为一个液晶显示器，下端为金属圆柱状结构，可初步判断下端为传感部分。

2.根据其外观，搜索资料，可知该传感器为电容式液位传感器，即用以检测液位的电容式传感器。

3.结合图4-2所示传感器的外观特征及作用，根据电容式传感器的工作原理和类型，基本能够判断该传感器为变介电常数型电容传感器。

一、填空题

1.电容式传感器的基本工作原理是将＿＿＿＿＿＿＿＿＿＿＿的变化转化为＿＿＿＿＿＿＿＿＿的变化来实现对物理量的测量。

2.影响平板电容器电容量的三个参数分别是＿＿＿＿＿＿＿＿＿、＿＿＿＿＿＿＿＿和＿＿＿＿＿＿＿＿。影响圆筒电容器电容量的两个参数分别是＿＿＿＿＿＿＿和＿＿＿＿＿＿＿＿＿。

3.根据决定电容量变化的三个参数，电容式传感器可分为＿＿＿＿＿、＿＿＿＿＿＿和＿＿＿＿＿＿三种。

二、选择题

下图中，属于变间距型电容传感器的是（   ）；

        属于变面积型电容传感器的是（   ）；

        属于变介电常数型电容传感器的是（   ）。

（a）

（b）

（c）

（d）

（e）

（f）

（g）

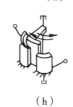
（h）

目标检测

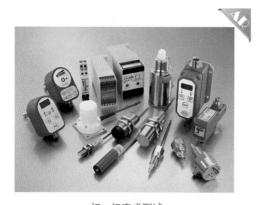
扫一扫完成测试

任务二 测定电容式传感器的特性

» 1. 能根据要求完成电容式传感器特性的测定实验。

» 2. 能正确绘制电容式传感器的特性曲线。

» 3. 能正确计算电容式传感器的灵敏度和线性度。

任务描述

你知道维修工程师如何判断电容式传感器是否能够正常工作吗？传感器的特性参数是判断和选用传感器的重要指标，下面将以电容式传感器测定位移为例，学会如何正确使用电容式传感器，并学会分析电容式传感器的基本特性参数——灵敏度和线性度。

KNOWLEDGE 知识导航

一、圆筒式变面积差动结构的电容式位移传感器

本任务中所采用的传感器为圆筒式变面积差动结构的电容式位移传感器（图4-11）。变面积型电容传感器中，平板结构对极距特别敏感，测量精度受到影响，而圆柱形结构受极板径向变化的影响很小，且理论上具有很

好的线性关系（但实际由于边缘效应的影响，会引起极板间的电场分布不均，导致非线性的问题依然存在，且灵敏度下降，但比变间距型传感器灵敏度高），成为实际中常用的结构。

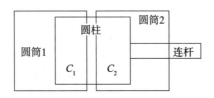

图 4-11　圆筒式变面积差动结构的电容式位移传感器结构图

圆筒式变面积差动结构的电容式位移传感器是由两个外圆筒和一个内圆柱组成的，两个外圆筒为定极板，内圆柱为动极板。当内圆柱随被测物体移动时，两个外圆筒极板的有效面积一面增大，一面减小，将三个极板用导线引出，形成差动电容输出。

设外圆筒的半径为 R，内圆柱的半径为 r，外圆筒与内圆柱覆盖部分的长度为 X。根据公式（4-2），可知电容量为：

$$C = \frac{2\pi\varepsilon X}{\ln(R/r)} \tag{4-8}$$

图 4-11 中 C_1、C_2 是差动连接，当产生 ΔX 位移时，电容量的变化量为：

$$\Delta C = C_1 - C_2 = \frac{2\pi\varepsilon\Delta X}{\ln(R/r)} = C_0\frac{\Delta X}{X} \tag{4-9}$$

可见，ΔC 与位移 ΔX 成正比，配上配套测量电路就能测量位移。

二、电容式传感器的测量电路

电容式传感器的电容值及电容变化值都十分微小，必须借助于信号调节电路才能将其微小的电容变化值转换成与其成正比的电压、电流或频率等电量参数，从而实现显示、记录和传输。目前，这样的测量电路种类很多，一般可归纳为调幅、调频、脉冲三大类型。常见的有调频电路、运算放大器、二极管双 T 形电桥电路、脉冲宽度调制电路等。前两个常用于单个电容量变化的测量，后两个用于差动电容量变化的测量。

本任务中，所采用的测量电路画在电容式传感器实验模块的面板上，如图 4-12 所示，由振荡器、二极管双 T 形电桥电路和放大器组成。

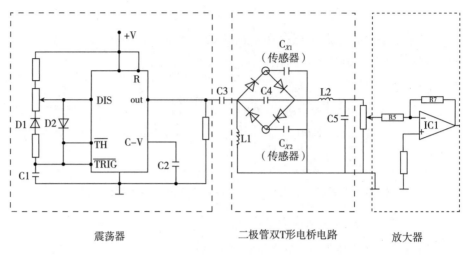

图 4-12　电容式传感器的测量电路

　　振荡器产生高频方波作为信号源，通过二极管双 T 形电桥电路，对两个差动电容器C_{X1}和C_{X2}进行充放电，输出一个与电容成正比的微安级电流，最后通过放大器转换为电压信号输出。

　　当两电容相等，输出为零；当两电容不等时，电压值与两电容的变化量成正比。由公式（4-9），可知电容的变化量与位移的变化量成正比，因此最后的输出电压值与位移的变化量成正比。这就是电容传感器测量位移的工作原理。

　任务实施 ///////////

一、需用器件与单元

　　电容式传感器 1 个［图 4-13（a）］、电容传感器实验模板 1 块［图 4-13（b）］、测微头 1 个（图 3-7）。

　　主实验箱（图 2-11）：直流稳压电源、数字电压表。

（a）电容式传感器

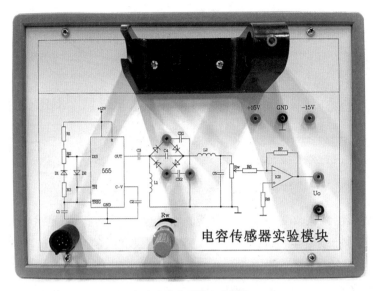

（b）电容传感器实验模块

图4-13 电容式传感器及其实验模块

二、操作步骤

1.按图4-14安装示意图将电容式传感器及测微头装于电容式传感器实验模块上。

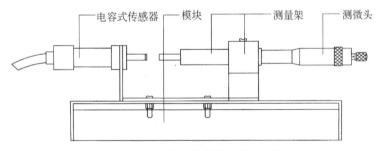

图4-14 电容式传感器安装示意图

2.按图4-15连线示意图，将传感器引线插入实验模块插座中，并完成主实验箱和电容式传感器实验模块的连线。

3.将实验模板上的R_w调节到中间位置（方法：逆时针转到底再顺时转3圈）。

4.将主实验箱上的电压表量程切换开关打到2V档，检查接线无误后打开主实验箱电源开关。

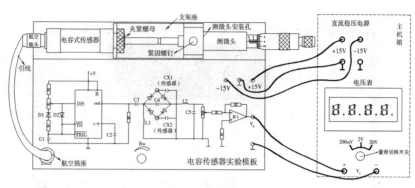

图4-15 电容式传感器接线示意图

5.旋转测微头改变电容式传感器的动极板位置使电压表显示0V。

6.再转动测微头（同一个方向）5圈，记录此时的测微头读数和电压表显示值，填在表4-1位移-2.5mm对应电压值的空格中，作为起点值。

7.反方向每转动测微头1圈，即$\Delta X=0.5$mm位移，读取电压表读数（这样转11圈读取相应的电压表读数），将数据填入表4-1（这样单行程位移方向做实验可以消除测微头的回差）。

8.根据表4-1数据计算电容式传感器的系统灵敏度和线性度。

9.关闭电源、整理器材。

注意事项：

1.电容式传感器要轻拿轻放，绝对不可以掉在地上。

2.操作时，不要接触电容式传感器，否则会使线性度变差。

三、数据处理与分析

1.根据实验数据，填入表4-1。

表4-1 电容式传感器位移与输出电压值

位移（mm）	-2.5	-2	-1.5	-1	-0.5	0	0.5	1	1.5	2	2.5
电压U（mV）											
拟合电压值U（mV）											
偏差Δy（mV）											
最大偏差Δy_m（mV）											

2.根据表4–1数据绘制出电容式传感器的位移特性曲线，计算电容式传感器位移与输出电压值的拟合方程、拟合电压值、偏差和最大偏差，填入表4–1中。

3.计算电容式传感器测量位移的灵敏度和线性度。

任务评价

序号	评价内容	配分	扣分要求	得分
1	电容式传感器的识别和安装	10	电容式传感器识别不正确，扣5分 安装与连接不准确，每处扣2分	
2	测定电容式传感器的位移特性操作	30	步骤操作不规范，每次扣5分	
3	数据记录	30	数据记录不真实，每处扣3分	
4	数据处理与分析	30	曲线绘制不准确，每处扣2分 数据计算不准确，每处扣2分	
任务成绩：				

巩固练习

　　在SY-K11型传感器仿真实训平台上，根据操作提示完成《电容式传感器的位移特性实验》，观察实验现象，记录电容传感器的位移特性曲线。

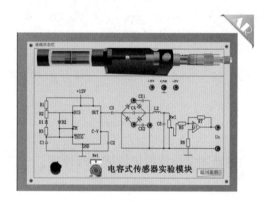

任务三 熟知电容式传感器的医学应用

任务目标

» 1. 能列举应用电容式传感器的常见医疗设备。

» 2. 能理解电容式传感器在各类医疗设备中的工作原理。

学习导入

随着电子技术的发展，电容式传感器存在的许多技术问题都已被解决，为电容式传感器的应用开辟了广阔的前景。目前，电容式传感器广泛应用于精确测量位移、厚度、角度、振动、力、流量、成分、液位等。电容式传感器在医学领域的应用又有哪些呢？

任务描述

请查阅电容式传感器的医学应用相关资料，以"电容式传感器的医学应用"为主题，图文结合制作演示文稿或手绘小报，与身边的同学和朋友交流分享吧！

一、助听器

如图4-1所示为耳背式助听器，作为一种典型的穿戴设备适用于各类听力损失者，是广泛使用的一类助听器，其主要结构如图4-16所示，麦克风、放大器、受话器、电池、音量调节及开关均装在呈长钩形的小盒内，外形纤巧，依赖一个弯曲成半圆形的硬塑料耳钩挂在耳后，放大后的声音经耳钩由出声孔发出。其中最核心的结构就是麦克风、放大器和受话器。麦克风负责把接收到的声信号转变为电信号送入放大器，放大器将电信号进行放大后输送至受话器，受话器再将电信号转换为声信号输出。通过这样的转换，受话器输出的声信号比麦克风接收的声信号要强得多，这样就能在一定程度上弥补听觉障碍者的听力损失。

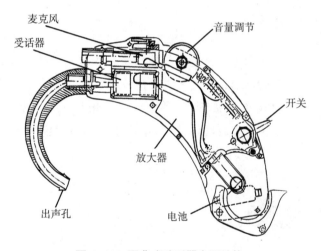

图 4-16 耳背式助听器主要结构

助听器麦克风中的传感元件常采用特殊设计的小型化驻极体电容传感器，其结构示意图如图4-17所示。驻极体振动膜片是以一片极薄的塑料膜片作为基片，在其中一面蒸发上一层纯金属薄膜，然后再经过高压电场"驻极"处理后，在两面形成可长期保持的异性电荷——这就是"驻极体"（也称"永久电荷体"）。振动膜片的金属薄膜面向外（正对音孔），并与金属外壳相连；另一面靠近带有气孔的金属极板，其间用很薄的塑料绝缘垫圈隔离开。这样，振动膜片与金属极板之间就形成了一个本身具有静电场的电容。当驻极体振动膜片遇到声波振动时，就会引起与金属极板间距离的变化，也就是驻极体振动膜片与金属极板之间的电容随着声波变化，进而引起电容两端固有的电场发生变化，从而产生随声波变化而变化的交变电压。由于驻极体膜片与金属极板之间所形成的"电容"容量比较小，而它的输出阻抗值很高，所以采用场效应管来进行阻抗变换。通过输入阻抗非常高的场效应管将"电容"两端的电压取出来，并同时进行放大，就得到了和声波相对应的输出电压信号。

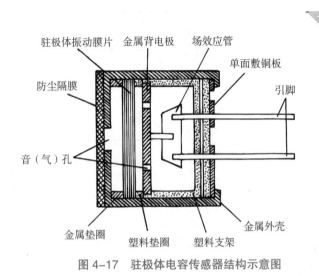

图 4-17　驻极体电容传感器结构示意图

二、呼吸测量用微音器

图4-18所示为一种测量呼吸用的电容式微音器的结构原理图，可动电极膜片与固定电极组成平行板电容器。当参比光束和测量光束射入到左右两边接收室后，被接收室的气体所吸收，使气体温度升高，室内压强增加。若参比光束和测量光束取自同一光源，则两边室内压强相等，可动电极（膜片）将维持在平衡位置。若被测气体浓度增加，则测量光束的入射量减少，导致测量室气体吸收能量少于参比室气体吸收能量，而使两边室内压强不相等，可动电极（膜片）将发生位移，从而改变电容量。由于辐射光束受测量系统切光片调制，故可动电极也相应以调制频率发生振动，气体浓度不同产生的振幅亦不同。由于传感器的气室内会发生微音，故称电容式微音器。

电容式微音器实际上是一种变间距型电容式传感器，由于它具有响应速度快，灵敏度高，可进行非接触测量等优点，除被用于测量呼吸外，还常被用于检测心音和脉搏。

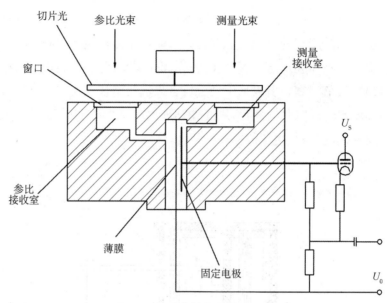

图 4-18　电容式微音器原理图

三、电容式血压计

图4-19为测量血压用电容式传感器,它主要由膜片和基座组成,在基座表面用侵蚀的方法得到腔室作为电容式传感器的间距。在膜片上有两个电极,圆形的为工作电极,环形的为参比电极,在基座上有一个电极为公共电极,构成平行板型结构。工作电极与公共电极组成敏感电容C_S,参比电极与公共电极组成参比电容C_R。当被测血压通过导液管均匀作用在膜片上时,膜片变形,使得敏感电容C_S增大,于是有电压输出,且被测压力与输出电压成正比。

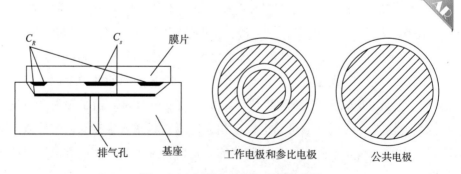

图 4-19　测量血压用电容式传感器

电容压力传感器在医学中被广泛应用,除应用于人体动脉血压外,还可以用于测量尿道、膀胱、子宫等内压的测量;以及幼儿心肺、肠胃压、脑内压的短期监控等。

任务实施

以本任务知识导航中的内容为基础，查阅相关资料，以"电容式传感器的医学应用"为主题制作演示文稿或手绘小报。

任务评价

序号	评价内容	评价要素	评分标准	得分
1	主题	突出主题：电容式传感器的医学应用	很好（14～20） 一般（8～13） 较差（0～7）	
2	内容	内容完整，涵盖医学领域中应用电容式传感器的常见医疗设备及其工作原理	很好（14～20） 一般（8～13） 较差（0～7）	
		文字表述正确、图表表达准确	很好（14～20） 一般（8～13） 较差（0～7）	
3	构思	结构合理、逻辑严谨	很好（8～10） 一般（4～7） 较差（0～3）	
4	素材	图片及其他素材运用合理	很好（8～10） 一般（4～7） 较差（0～3）	
5	美化	文字清晰、重点突出	很好（8～10） 一般（4～7） 较差（0～3）	
		布局合理、配色优美	很好（8～10） 一般（4～7） 较差（0～3）	
		总分		

模块四　电容式传感器

巩固练习

简答题

1.列举应用电容式传感器进行测量的相关医疗仪器。

2.简述电容式传感器应用于呼吸测量中的工作原理，并说一说与电感式传感器测量呼吸的区别。

模块五
磁电式传感器

📑➡ 模块导学

利用磁电感应原理将被测量转换为电信号的器件或装置称为磁电式传感器。根据工作原理的不同，主要分为磁电感应式传感器和霍尔式传感器两种。

磁电式传感器电路简单、性能稳定、输出阻抗小，适用于测量转速、振动、位置、位移、扭矩等参数。在国民经济、国防建设、科学技术、医疗卫生等领域都发挥着重要作用。在医疗领域，磁电式传感器主要用于血流量计、旋转血泵以及需要电机控制的透析机、呼吸机、注射泵等设备中。

任务一　辨识磁电式传感器

任务目标

» 1. 能说出磁电式传感器的定义、分类和基本结构。

» 2. 能初步辨识不同类型的磁电式传感器。

» 3. 能理解磁电式传感器的工作原理。

学习导入

　　输液泵（图5-1）是医院常见的医疗设备之一，它是一种用于精确控制输液速度，以保证药物能够均匀、准确、安全地进入人体静脉的注射设备。相较于传统的人工注射，输液泵对药物注射速度的控制更加精确、稳定，还能对输液过程加以监控，大大减轻了人工作业量。

　　在输液泵中会用到多种传感器，其中，磁电式传感器为输液泵电机提供了精确的位置检测，从而保证电机转动的平稳性，减小电机转动引起的噪声和振动，进而提高工作效率。磁电式传感器是如何实现这样的功能的？

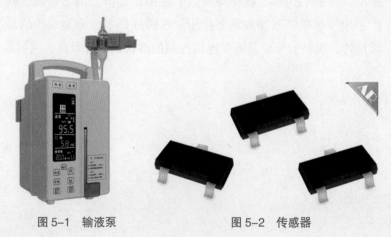

图5-1　输液泵　　　　　　　图5-2　传感器

图5-2所示传感器是一种磁电式传感器，观察其外观特征，判断它是哪种类型的磁电式传感器。

知识导航 //////////////

磁电式传感器是利用磁电感应原理将被测物理量转换为电信号的一种传感器，主要分为磁电感应式传感器和霍尔式传感器两种。磁电感应式传感器属于有源传感器，不需要辅助的电源就能把被测物理量转换成电信号，而霍尔式传感器属于无源传感器，需要外加直流偏置才能工作。

一、磁电感应式传感器

磁电感应式传感器的工作原理是基于法拉第电磁感应定律，该定律指出当一个导体回路中的磁通量发生变化时或导体和磁场发生相对运动时导体中都会产生感生电动势。所以磁电感应式传感器也被称为感式传感器或电动势传感器。根据产生电动势方式的不同，磁电感应式传感器分为恒磁通式和变磁通式两种。

知识充电宝

法拉第电磁感应定律

根据法拉第电磁感应定律，匝数为 n 导体线圈在磁场中运动，穿过线圈的磁通量为 Φ，那么线圈内感生电动势 E 满足如下方程：

$$E=-n\frac{\Delta\Phi}{\Delta t} \qquad (5-1)$$

式（5-1）中的"-"表明感应电动势的方向。在匀强磁场中，如果线圈相对于磁场的运动线速度为v，则式（5-1）可改写为：

$$E=-Blv \qquad (5-2)$$

式（5-2）中，B为线圈所在磁场的磁感应强度；l为每匝线圈的平均长度。由此可见，改变磁通量和磁场中导体的运动变化速度都会引起感生电动势的改变。

1.**恒磁通磁电感应式传感器**　恒磁通磁电感应式传感器的结构通常包括永久磁铁、线圈、弹簧、壳体等。永久磁铁保障了工作气隙中磁场强度的稳定。当永久磁铁与线圈发生相对运动时，线圈中会产生感应电动势。由于运动部件可以是线圈也可以是磁铁，恒磁通磁电感应式传感器可以分为动圈式［图5-3（a）］和动铁式［图5-3（b）］两类。动圈式的运动部件是线圈，永久磁铁与传感器壳体固定，线圈用柔软弹簧片支撑；动铁式的运动部件是磁铁，线圈和壳体固定，永久磁铁用弹簧支撑。

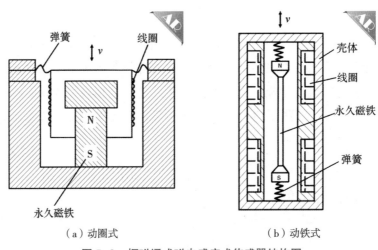

（a）动圈式　　　　　　　　　　　（b）动铁式

图5-3　恒磁通式磁电感应式传感器结构图

动圈式和动铁式两者的工作原理完全相同。将恒磁通磁电感应式传感器与被测振动体绑定在一起，当壳体随被测振动体一起振动时，由于弹簧较软，而运动部件质量相对较大，当被测振动体的振动频率足够高时（远大于传感器固有频率），运动部件会由于惯性很大而来不及跟随振动体一起振动，近乎静止不动，振动能量几乎全部被弹簧吸收，于是永久磁铁与线圈之间的相对运动速度接近于振动体的振动速度，线圈与磁铁的相对运动将切割磁力线，从而产生与运动速度成正比的感应电动势。

2. **变磁通磁电感应式传感器**　变磁通磁电感应式传感器主要是靠改变磁路的磁通量大小来测量的，即通过改变测量磁路中气隙的大小改变磁路的磁阻，从而改变磁路的磁通。因此，变磁通磁电感应式传感器又可以称为变磁阻式传感器或变气隙式传感器，其典型应用是转速计，用于测量旋转物体的角速度。根据结构的不同可分为开磁路式和闭磁路式两种。

图5-4（a）所示为开磁路式，它由永久磁铁、软磁铁、感应线圈和测量齿轮组成。工作时线圈和磁铁静止不动，测量齿轮（导磁材料）被安装在被测旋转体上，跟随被测物体一起转动。测量齿轮的凹凸会导致气隙大小发生变化，影响磁路磁阻的变化。每当齿轮转过一个齿，传感器磁路磁阻变化一次，磁通也就跟随着变化一次，则线圈中产生感应电动势，其变化频率等于被测转速与齿轮齿数的乘积。图5-4（b）所示为闭磁路式，它是由安装在转轴上的内齿轮和永久磁铁、外齿轮及线圈构成。内、外齿轮的齿数相等。测量时，转轴与被测轴相连，当旋转时，内外齿轮的相对运动使磁路气隙发生变化，因而磁阻发生变化并使贯穿于线圈的磁通量变化，在线圈中感应出电动势。

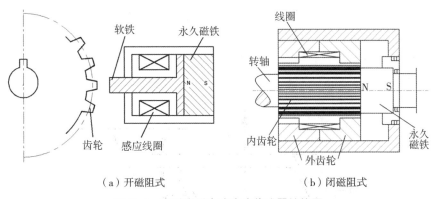

（a）开磁阻式　　　　　　　（b）闭磁阻式

图5-4　变磁通磁电感应式传感器结构图

二、霍尔式传感器

霍尔式传感器是基于霍尔效应进行工作的电传感器。1879年，物理学家霍尔在研究金属时发现了这一效应，由于金属材料的霍尔效应太弱而没有得到应用。随着半导体技术的发展，使用半导体制造的霍尔元件具有显著的霍尔效应，因此霍尔式传感器开始广泛应用于电磁、压力、加速度和振动的测量。

霍尔元件的结构比较简单，它由霍尔片、4根引线和壳体三部分组成（霍尔元件可能的磁极感应方式有单极性、双极性和全极性的区分，实际的霍尔元件引脚可能是三端、四端或五端）。图5-5为一种霍尔元件的外形结构示意图，其主体为一块矩形半导体单晶薄片，在长度方向焊有两根控制电流端引线a和b，它们在薄片上的焊点称为激励电极；在薄片另两侧端面的中央以点的形式对称地焊有c和d两根输出引线，它们在薄片上的焊点称为霍尔电极。霍尔元件壳体是用非导磁金属、陶瓷或环氧树脂封装而成。

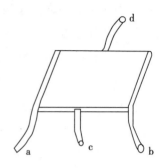

图5-5　霍尔元件外形示意图

 知识充电宝

霍尔效应

置于磁场中的静止载流导体，当它的电流方向与磁场方向不一致时，载流导体上平行于电流和磁场方向上的两个面之间产生电动势，此现象称为霍尔效应，霍尔效应产生的电动势被称为霍尔电动势。霍尔效应的产生是由于运动电荷受磁场中洛伦兹力作用的结果。

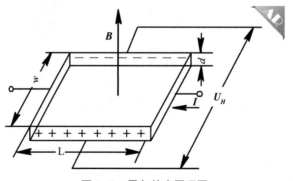

图5-6　霍尔效应原理图

如图5-6所示，在一块长度为L，宽度为W，厚度为d的长方形半导体薄片上，长度方向水平向右通入控制电流I，厚度方向竖直向上施加磁感应强度为B的磁场时，半导体中的自由电子在电场作用下定向运动，并受到洛伦兹力的作用向一边偏转，偏转的一边形成电子积累，而另一边则为正电荷的累积，于是形成附加内电场，称为霍尔电场。在霍尔电场的作用下，电子将受到一个与洛伦兹力方向相反的电场力的作用，此力阻止电荷的继续积聚。当在半导体板内电子积累达到动态平衡时，电子所受洛伦兹力和电场力大小相等，则此时相应的电动势就称为霍尔电动势 U_H，其大小可表示为：

$$U_H = \frac{R_H}{d}IB = K_HIB \qquad (5-3)$$

式（5-3）中，R_H 称为霍尔常数，大小取决于半导体载流子密度。K_H 称为霍尔灵敏度，表征一个霍尔元件在单位控制电流和单位磁感应强度时产生的霍尔电动势的大小。此外，霍尔元件越薄（d 越小），K_H 越大，因此，为了提高灵敏度，霍尔元件常制成薄片形状。

 任务实施

1.图5-2所示，该传感器为薄片型，具有三个引脚。磁电式传感器分为磁电式传感器及霍尔式传感器，按照两类传感器的结构特征，可基本判断该传感器为霍尔式传感器。

2.根据其外观，搜索资料可确定该传感器为霍尔传感器，用以测量速度或作为固态开关。

 巩固练习

一、填空题

1.通过_____将被测量转换为电信号的传感器称为磁电式传感器。

2.磁电感应式传感器可分为_____和_____两种。

3.当载流导体或半导体处于与电流相垂直的磁场中时，在其两端将产生电位差，这一现象被称为_____。

4.辨识下列图中磁电式传感器的类型：（a）_____、（b）_____。

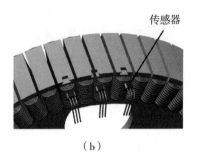

（a）   （b）

二、计算题

某霍尔元件的L，w，d尺寸分别是1.0cm，0.35cm，0.1cm，沿L方向通以电流I=1.0mA，在垂直电流方向施加均匀磁场B=0.3T，传感器的灵敏度系数为22V/（A·T），试求其输出霍尔电动势。

目标检测

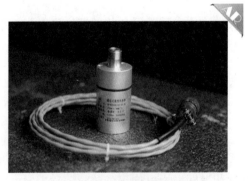

扫一扫完成测试

任务二 测定磁电式传感器的特性

 **任务目标**

» 1.能根据要求完成磁电式传感器特性测定的实验操作。

» 2.能正确绘制磁电式传感器的特性曲线。

» 3.能正确计算磁电式传感器的灵敏度和线性度。

 任务描述

我们已经知道了什么是磁电式传感器，也了解了不同类型磁电式传感器的工作原理和结构，那么在实际测量中磁电式传感器又是如何运用的呢？下面将使用霍尔式传感器做实验，分析测量微小位移时霍尔式传感器基本性能特性。

知识导航 ////////////

一、位移测量霍尔式传感器

本任务中所采用的传感器为位移测量霍尔式传感器，如图5-7（a）所示。将磁感应强度相同的两块永久磁铁同极性相对放置，将霍尔元件置于间隙上下中心点，该点磁感应强度为零，把这个点作为位移的零点。当霍尔元件发生位移时，由于磁感应强度不再为零，霍尔元件会产生感应电动势。

（a）霍尔式传感器

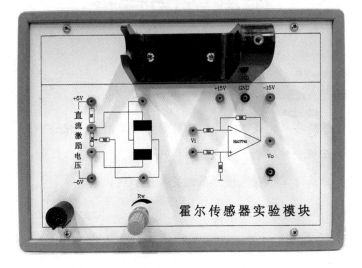

（b）霍尔式传感器实验模块

图 5-7　霍尔式传感器及实验模块

二、霍尔传感器的基本测量电路

霍尔式传感器的基本测量电路如图5-8所示，电源E提供激励电流，可变电阻R用于调节激励电流I的大小，R_L为输出霍尔电动势U_H的负载电阻，一般用于表征显示仪表、记录装置或放大器的输入阻抗。此外，霍尔元件本身不带放大器，所输出的霍尔电势一般在毫伏数量级。在测量时，必须在输出时后接放大电路才能使用。

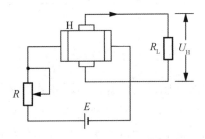

图 5-8　霍尔式传感器基本测量电路

任务实施

一、需用器件与单元

位移测量霍尔式传感器1个 [图5-7（a）]、霍尔式传感器实验模板1块 [图5-7（b）]、测微头1个。

主实验箱：稳压电源、数字电压表。

二、操作步骤

1.将霍尔式传感器实验模块装于主实验箱上。

2.按图5-9连线示意图完成传感器安装与连线：

> ①将霍尔式传感器及测微头装于霍尔式传感器实验模块上；
>
> ②按照示意图完成霍尔式传感器实验模块上的连线；
>
> ③将霍尔式传感器航空插头插入实验模块航空插座中；
>
> ④完成霍尔式传感器实验模板与主实验箱电压表连线；
>
> ⑤霍尔式传感器实验模块与主实验箱的±15V电源、+5V电压和地线相连。

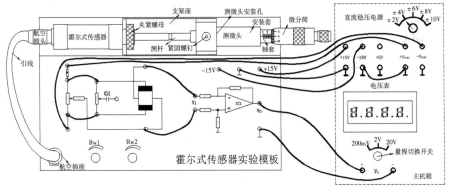

图5-9　霍尔式传感器位移实验接线示意图

3.将主实验箱上的电压表量程切换开关打到2V档，检查接线无误，打开主实验箱电源开关。

4.调节测微头使霍尔片大致在磁铁中间位置，再调节R_{W1}使数显表指示为零。

5.转动测微头（同一个方向）5圈，记录此时的测微头读数和电压表显示值，填在表5-1的位移-2.5mm对应电压值的空格中，作为实验起点值。

6.反方向每转动测微头1圈，即ΔX=0.5mm位移，读取电压表读数（这样转11圈读取相应的电压表读数），将数据填入表5-1（这样单行程位移方向做实验可以消除测微头的回差）。

7.关闭电源、整理器材。

8.根据表5-1数据计算霍尔式传感器的系统灵敏度和线性度。

注意事项

1. 对传感器要轻拿轻放，绝不可掉到地上。

2. 不要将霍尔式传感器的激励电压错接成±15V，否则将可能烧毁霍尔元件。

三、数据处理与分析

1.根据实验数据，填入表5-1。

表5-1　霍尔式传感器位移与输出电压值

位移（mm）	-2.5	-2	-1.5	-1	-0.5	0	0.5	1	1.5	2	2.5
电压U（mV）											
拟合电压值U（mV）											
偏差Δy（mV）											
最大偏差Δy_m（mV）											

2.根据表5-1数据作出霍尔式传感器位移与输出电压值的特性曲线，计算霍尔式传感器位移与输出电压值的拟合方程、拟合电压值、偏差和最大偏差，填入表5-1中。

3.计算系统灵敏度和线性度。

任务评价

序号	评价内容	配分	扣分要求	得分
1	霍尔式传感器的识别和安装	10	霍尔式传感器识别不正确，扣5分 安装与连接不准确，每处扣2分	
2	霍尔式传感器位移特性操作	30	步骤操作不规范，每次扣5分	
3	数据记录	30	数据记录不真实，每处扣3分	
4	数据处理与分析	30	曲线绘制不准确，每处扣2分 数据计算不准确，每处扣2分	
任务成绩：				

巩固练习

1.在SY-K11型传感器仿真实训平台上，根据操作提示完成《磁电式转速传感器的测速实验》，观察输出波形随转速的变化情况。

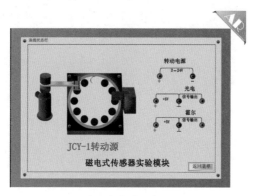

扫一扫完成任务

2.我们已经通过实验作出了霍尔式传感器测量位移的特性曲线，得到了位移与输出电压的线性关系，那么现在不读测微计的示数，仅仅读取输出电压值，能够得到位移量吗？动手实验，尝试去验证你的想法吧！并想一想需要注意什么？

任务三　熟知磁电式传感器的医学应用

任务目标

» 1. 能列举应用磁电式传感器的常见医疗设备。
» 2. 能理解磁电式传感器在各类医疗设备中的工作原理。

学习导入

　　磁电式传感器在医疗领域中的应用，尽管规模要小于工业领域，但却能够在各种场合以各种方式辅助患者护理和监控，无论是在手术过程中、重症监护室，还是在家庭护理方面，都提供了有效的方式以控制运动、气流、探测血压以及用药等挽救生命或者提高生命质量。此外，它还用于换向传感器的医疗设备之中的电机控制，如呼吸机、输液泵、血液透析机等方面的应用。

任务描述

　　请查阅磁电式传感器的医学应用相关资料，以"磁电式传感器的医学应用"为主题，图文结合制作演示文稿或手绘小报，与身边的同学和朋友交流分享吧！

知识导航 //////////

一、磁电血流量计

磁电式传感器在生物医学中常用于人体血流量检测，磁电血流量计是运用于心血管手术和有创外科手术的精密监控仪器，其作用是将血流量转换成相应的电压信号。其既可以连续地测量血管内血液的瞬时流速或平均流速，也能够用来测量人工心肺机、人工肾等工作时的血液流速，在医学临床、动物实验、医学研究中具有重要意义。

目前，磁电血流量计已作为完整血管内动脉血流量测量的标准方法，根据前面介绍的电磁感应定律，当一导电体在磁场内移动切割磁场时，在导体中感应出与速度成正比的电动势，任何时刻电动势的数值正比于该时刻的速度。磁电血流量计的工作原理如图5-10所示，用磁芯夹住血管，激励线圈通入电流，产生与血液流动方向垂直的磁场。由于血液是碱性导电体，当血液在血管中流动时，相当于带电导线在做切割磁场的运动。磁电血流量计的一个优点是电动势与血流分布无关，对于一定的血管直径和磁感应强度，电动势仅与瞬时体积流动速率有关。

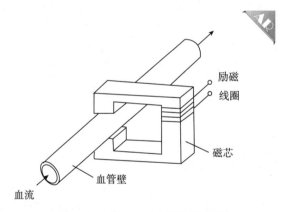

图5-10　磁电血流量计工作原理

二、旋转血泵

人工心脏血泵一般是用于代替心脏工作的小型泵，是体外循环装置的重要组成部分。体外循环主要由血泵、驱动装置、监控系统与能源等部分构成，其中血泵是整个系统较为关键的部位，其主要作用是驱动心室中的血液流入动脉。按照工作原理可分为旋转泵和容积泵。旋转血泵结构简单、体积小，且无需瓣膜和隔膜，因此应用更为广泛。要能够实现长期辅助循环或替代心脏移植，需要解决机械磨损和血栓生成的问题。为此，出现了无源磁浮叶轮血泵，它利用磁力实现血泵转子稳定悬浮。

如图5-11所示，无源磁浮叶轮血泵装置包括一个无源定子和转子，转子由转子磁钢和叶轮以及磁轴承的小磁环组成。定子由电机线圈和永磁轴承的大磁环以及泵的外壳组成。血泵由电机线圈径向驱动转子旋转，电机线圈吸引转子磁钢，永磁轴承相互排斥以抵消吸引力，当永磁轴承排斥力大于吸引力径向永磁磁浮才可能实现。将霍尔式传感器安置在定子末端周围，保持在同一圆周上，用来检测转子和定子之间的距离，保证转子和定子同心旋转，以减小血泵的磨损增加使用寿命。

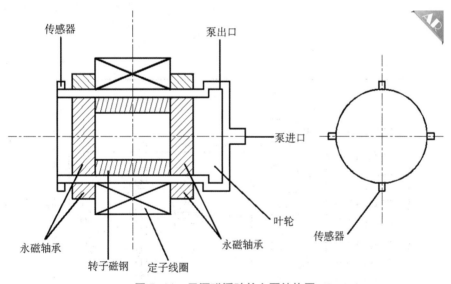

图5-11　无源磁浮叶轮血泵结构图

三、霍尔无刷直流电机

在透析机、呼吸机、注射泵等各类需要电机的医疗设备中，要求所采用的电机转速稳定、噪声小、效率高和寿命长，因此，一般带有电刷、整流子的直流电机（称为有刷电机）不能满足要求。近年来采用霍尔元件制成的无刷直流电机性能良好，用量大增，已成为霍尔元件的最大用户。目前，采用开关型霍尔元件的直流无刷电机的电路简单，且因功率驱动电路工作在开关状态下，功率驱动电路损耗小、效率高、体积小。

霍尔无刷直流电机工作原理如图5-12所示。电机的转子是由磁钢制成

（一对磁极），定子由四个极靴绕上线圈W_1、W_2、W_3、W_4组成，各个线圈都通过相应的三极管VT_1–VT_4供电。四个开关型霍尔器件H_1–H_4配置在四个极靴电极上。可实现电机的双极性、四状态电子换向电路。当霍尔元件H_2面向转子N极方向时，则霍尔元件H_2导通，为低电平，功率晶体管VT_2导通，VT_2通过电流I_{W_2}，使定子绕组W_2下极性呈S极，转子的N极将受到W_2定子S极吸引使转子顺时针旋转，直到H_3对准转子N极；此时H_2处于零磁场，H_3导通，从而使VT_3导通，通过电流I_{W_3}：使定子绕组W_3呈S极性，使转子继续顺时针旋转；当转子的N极对准H_4时，使之导通，进而使VT_4导通，I_{W_4}电流通过定子绕组W_4，使之呈S极性，继续使转子顺时针旋转，直到转子N极对准W_4；而后H_1导通，使VT_1导通，电流I_{W_1}使定子绕组W_1呈S极性，继续使转子顺时针旋转，直到转子N极对准绕组W_1；此时转子已转一周。如此下去，继续旋转。如果改变电源极性，则电机转子反转。

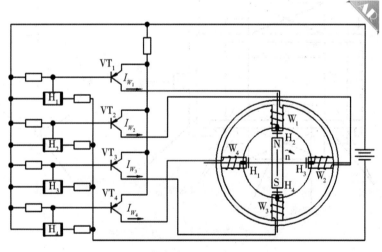

图 5-12 霍尔直流无刷电机工作原理

任务实施 ///////////////

以本任务知识导航中的内容为基础，查阅相关资料，以"磁电式传感器的医学应用"为主题，制作演示文稿或手绘小报。

任务评价

序号	评价内容	评价要素	评分标准	得分
1	主题	突出主题：磁电式传感器的医学应用	很好（14～20） 一般（8～13） 较差（0～7）	
2	内容	内容完整，涵盖医学领域中应用磁电式传感器的常见医疗设备及其工作原理	很好（14～20） 一般（8～13） 较差（0～7）	
		文字表述正确、图表表达准确	很好（14～20） 一般（8～13） 较差（0～7）	
3	构思	结构合理、逻辑严谨	很好（8～10） 一般（4～7） 较差（0～3）	
4	素材	图片及其它素材运用合理	很好（8～10） 一般（4～7） 较差（0～3）	
5	美化	文字清晰、重点突出	很好（8～10） 一般（4～7） 较差（0～3）	
		布局合理、配色优美	很好（8～10） 一般（4～7） 较差（0～3）	
总分				

巩固练习

简答题

1.说一说哪些医疗设备中应用了磁电式传感器。

2.简述旋转血泵中磁电式传感器的作用。

模块六
光电式传感器

📑➤ 模块导学

　　光电式传感器是一种以光电效应为基础，利用光电器件把光信号转换成电信号的装置。光电式传感器工作时，先将被测量转换为光量的变化，然后通过光电器件把光量的变化转换为相应的电量变化，从而实现对非电量的测量。

　　光电式传感器具有结构简单、响应速度快、高精度、高分辨率、高可靠性、抗干扰能力强、可实现非接触式测量等特点，在检测和控制领域中获得广泛应用。在医用领域中，光电传感器常被用于脉搏、血氧、血压等生理参数的测量，它也是目前智能穿戴设备中最常用的传感器。

任务一　辨识光电式传感器

任务目标

» 1. 能说出光电式传感器的定义、分类和基本结构。

» 2. 能初步辨识不同类型的光电式传感器。

» 3. 能理解光电式传感器的工作原理。

学习导入

　　随着科技的发展，智能可穿戴设备在医疗健康领域的应用越来越广泛，带有健康监测功能的智能手表（图6-1）作为其典型代表，因其便捷性和实时性受到大众的喜爱。它不仅能够提供传统手表的时间显示功能，还能实时监测和记录用户的健康数据。目前常见的智能手表提供的监测参数包括心率、血氧、脉搏、血压、血糖、体温、睡眠、心电等。其中大部分生理参数都是运用光电式传感器进行采集，那么你知道它的工作原理吗？

图6-1　健康监测智能手表

图6-2　传感器

观察图6-2所示传感器，请辨认它属于哪一大类传感器。根据其外观特征，判断它属于哪种类型。

知识导航 ////////////////

光电传感器是以光为媒介，以光电效应为物理基础的一种能量转换器件，同时它也是应用光敏材料的光电效应制作的无源光敏器件。光电效应分为外光电效应和内光电效应两种。

入射光子使吸收光子能量的物质表面发射电子的效应称为外光电效应或光电发射效应。基于外光电效应的光电传感器有光电管、光电倍增管等。在光的作用下，使物体电导率发生变化或产生电动势的现象称为内光电效应，它又可分为光电导效应和光生伏特效应。光电导效应是在光的作用下物体的电导率发生变化，这类器件有光敏电阻等。光生伏特效应是在光的作用下，使物体内部产生一定方向电动势的现象，基于此种原理的器件有光电池、光敏管等。

一、外光电效应型光电器件

当光照射到金属或金属氧化物的光电材料上时，光子的能量传给光电材料表面的电子，如果入射到表面的光能使电子获得足够的能量，电子会克服正离子对它的吸引力，脱离材料表面而进入外界空间，这种现象称为外光电效应。简单来说，外光电效应就是在光的作用下，电子逸出物体表面的现象。

（一）光电管

光电管有真空光电管和充气光电管两类。真空光电管的两种典型结构如图6-3所示。它由一个阴极和一个阳极构成，并且密封在一只真空玻璃管内。阴极装在玻璃管内壁上，其上涂有光电材料，或者在玻璃管内装入柱面形金属板，在此金属板内壁上涂有阴极光电材料。阳极通常用金属丝弯曲成矩形或圆形或金属丝柱，置于玻璃管的中央。在阴极和阳极之间加有一定的电压，且阳极为正极，阴极为负极。当一定频率的光照射到光电阴极上时，光电阴极吸收了光子的能量便有电子逸出而形成光电子。这些光电子被具有正电位的阳极所吸引，因而在光电管内便形成定向空间电子流，外电路就有了电流。如果在外电路中串入一个适当阻值的电阻，则电路中的电流便转换为电阻上的电压。这种电流或电压的变化与光成一定函数关系，从而实现了光电转换。由于阴极材料的逸出功率不同，所以不同材料的光电阴极对不同频率的入射光有不同的灵敏度。

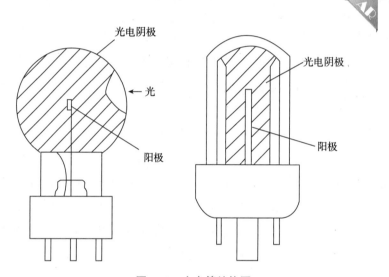

图6-3 光电管结构图

若在真空光电管中充入低压惰性气体（如氩、氖等气体），在阴极和阳极之间供给直流电压，阳极接电源正极，阴极接电源负极，则阴极发出的电子在向阳极运动的过程中要撞击惰性气体，使其产生电离，电离后正离子向阴极运动，使光电流增加，这样提高了光电管的灵敏度，这种充入低压惰性气体的光电管称为充气光电管。

两种光电管比较，各有优缺点。真空光电管的优点包括：在很宽的光强范围内，输入光强与输出电流成正比，测量精确度高；缺点是灵敏低。充气光电管的优点是灵敏度较高，但稳定性差、线性度低，而且暗电流、噪声都较大，响应时间也长。为获得二者的优点、克服其缺点，便出现了光电倍增管。

（二）光电倍增管

光电倍增管是进一步提高光电管灵敏度的光电转换组件，在入射光很微弱时，普通光电管产生的电流很小，不易检测。光电倍增管在高真空中装入一个光电阴极和多个次级电子增强电极，可使微弱的入射光转换成电子流，并将电子流放大，在没有热生电子状态下，它甚至可检测到单个光电子。

光电倍增管的结构图如图6-4所示，它由光电阴极，若干倍增极和阳极三部分组成。倍增极一般为11～14级，多的可达30级。使用时各个倍增电极上均加上电压。阴极电位最低，从阴极开始，各个倍增电极的电位依次升高，阳极电位最高。同时这些倍增电极用次级

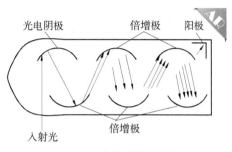

图6-4 光电倍增管的结构图

发射材料制成，这种材料在具有一定能量的电子轰击下，能够产生更多的"次级电子"。由于相邻两个倍增电极之间有电位差，因此存在加速电场，对电子加速。从阴极发出的光电子，在电场的加速下，打到第一个倍增电极上，引起二次电子发射。每个电子能从这个倍增电极上打出3～6倍的次级电子；被打出来的次级电子在经过电场的加速后，打在第二个倍增电极上，电子数又增加3～6倍，如此不断倍增，阳极最后收集到的电子数将达到阴极发射电子数的10^5～10^8倍。即光电倍增管的放大倍数可达到几万倍到几亿倍，比普通光电管高几万倍以上。因此在很微弱的光照时，它就能产生很大的光电流。

二、内光电效应型光电器件

内光电效应是指物体受到光照后所产生的光电子只在物体内部运动而不会逸出物体的现象。内光电效应多发生于半导体内，可分为光电导效应和光生伏特效应两种。光电导效应是指物体在入射光能量的激发下，其内部产生光生载流子（电子–空穴对），使物体中载流子数量显著增加而电阻减小的现象，这种效应在大多数半导体和绝缘体中都存在。光生伏特效应是指光照在半导体中激发出的光电子和空穴在空间分开而产生电位差的现象，是将光能变为电能的一种效应。光照在半导体PN结或金属–半导体接触面上时，在PN结或金属–半导体接触面的两侧会产生光生电动势，这是因为PN结或金属–半导体接触面因材料不同质或不均匀而存在内建电场，半导体受光照激发产生的电子或空穴会在内建电场的作用下向相反方向移动和积聚，从而产生电位差。基于光电导效应的光电器件有光敏电阻；基于光生伏特效应的光电器件典型的有光电池、光敏二极管、光敏三极管等。

（一）光敏电阻

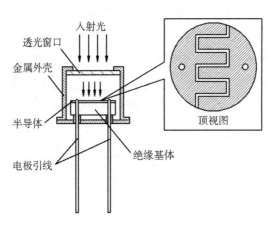

图6-5　光敏电阻结构与外接电路图

由于在光的作用下电导率变化的现象只局限于光照物体表面薄层，因此，在制作光敏电阻器时，只需在绝缘基体上均匀地涂上一层薄薄的半导体物质，在半导体两端装上电极引出线即可。图6-5为光敏电阻的结构图，为了提高灵敏度，光敏电阻器的电极一般制成梳状，金属电极与引出线端相连。由于半导体材料怕潮湿，因而光敏电阻器常用带透光窗口的金属外壳密封起来。

光敏电阻是一种对光敏感的元件，它的电阻值随着外界光照强弱的变化而变化。光敏电阻没有极性，纯粹是一个电阻器件，使用时既可加直流电压，也可以加交流电压。如果把光敏电阻连接到外电路中，在外加电压的作用下，用光照射就能改变电路中电流的大小。光敏电阻在受到光的照射时，由于内光电效应使其导电性能增强，自身阻值下降，导致流过负载电阻的电流及两端电压也随之变化。光线越强，则电流越大。当光照停止时，光电效应消失，电阻恢复原值。

并非一切纯半导体都能显示出光电特性，对于不具备这一条件的物质可以加入杂质使之产生光电效应特性。用来产生这种效应的物质由金属的硫化物、硒化物、碲化物等组成。光敏电阻具有很高的灵敏度、很好的光谱特性、很长的使用寿命、高度的稳定性能、很小的体积以及简单的制造工艺，所以被广泛地应用于自动化技术中。

（二）光电池

光电池是利用光生伏特效应把光能直接转变成电能的器件，在有光照情况下就是一个电源。由于它广泛应用于把太阳能直接变为电能，因此又称为太阳能电池。光电池的种类很多，以其半导体材料加以区别，如硒光电池、锗光电池、硅光电池等。其中应用最广、最受重视的是硅光电池，因为它具有稳定性好、光谱响应范围宽、频率特性好、换能效率高、耐高温辐射和价格便宜等优点。

常见的硅光电池结构如图6-6所示。利用硅片制成PN结，在P型层上贴一栅形电极，N型层上镀电极作为负极，分别用电极引线引出，形成正、负电极。此外，为减少表面光的反射，一般会在器件受光面上进行氧化，以形成增透膜，提高效率。当有光照射时，不需要再外加其他任何形式的能量就会有电流输出，该电流与光照有一定的关系，可反映光照强度。如果在PN结两端电极间接上内阻足够高的电压表，就能发现P区端和N区端之间存在电势差。

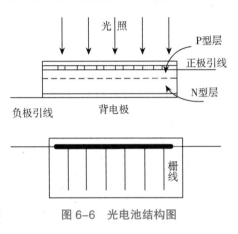

图6-6 光电池结构图

![拓展阅读]

为什么PN结会产生光生伏特效应呢？当N型半导体和P型半导体结合在一起构成一块晶体时，由于热运动N区中的电子就向P区扩散，而P区中的空穴则向N区扩散，结果在P区靠近交界处聚集较多的电子，而在N区的交界处聚集较多的空穴，于是在过渡区形成一个电场。电场的方向是由N区指向P区，这个电场阻止电子进一步由N区向P区扩散和空穴进一步由P区向N区扩散，但是却能推动N区中的空穴（少数载流子）和P区中的电子（也是少数载流子）分别向对方运动。当光照到PN结上时，如果光子能量足够大，就将在PN结区附近激发电子—空穴对，在PN结电场作用下，N区的光生空穴被拉向P区，P区的光生电子被拉向N区，结果就在N区聚集了负电荷，带负电；P区聚集了空穴，带正电。这样，N区和P区之间就出现了电位差。用导体将PN结两端连接起来，电路中就有电流流过，电流的方向由P区流经外电路至N区；若将电路断开，就可测出光生电动势。

（三）光敏管

1.光敏二极管　光敏二极管是一种半导体光电器件，其基本工作原理是当光照射半导体的PN结时，在反向电压的作用下，其反向电流随光照度变化而变化，由此来实现将光信号转换成电信号的功能。光敏二极管具有响应速度快，体积小，价格低，坚实耐用等特性，得到广泛的应用。

光敏二极管与普通二极管在结构上是类似的，如图6-7所示，管芯为一个PN结，外引两个电极。与普通二极管相比，顶部为玻璃透镜，管芯部分的PN结是具有光敏特征的PN结，且面积较大，安装在管子顶部以便接受光照。光敏二极管在无光照时，外加反向工作电压使光敏二极管的PN结空间电荷区增宽，电路中只有很小的反向漏电流，称为光敏二极管的暗电流。这主要是由PN结中少数载流子的运动构成。光照射光敏二极管时，光子打在PN结附近，使PN结空间电荷区产生电子-空穴对，它们在外电场的作用下，与P区和N区的少数载流子作定向运动而形成电流，此时电流要比无光照时的漏电流大的多。这种因光照而大大增加的反向电流称为光敏二极管的光电流。光电流随入射光强度变化而作相应的变化，光照度越大，光电流越大。

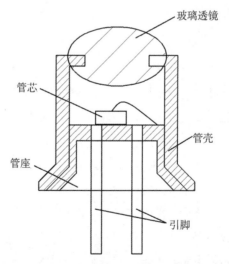

图6-7　光敏二极管结构图

2.光敏三极管　光敏三极管兼有普通三极管的部分特点和对光敏感的特性，是最常用的光电转换器件之一。光敏三极管与普通晶体管很相似，它由两个PN结组成，有NPN型，也有PNP型，其中以NPN型为多见。与普通晶体三极管不同的是，在内部结构上，光敏三极管的集电结面积较大，发射结较小，目的是扩大光照面积；在外形上多数只有c、e两条腿，基极

b作为光敏感极，无引线接出。有些光电三极管为改善性能，也有把基极引出的，但信号的输入不是依靠基极引线，而是通过透光窗口引进的。基极与集电极之间相当于反向偏置的光敏二极管，光敏三极管的顶部有受光窗和透镜，以便接受光的照射。其结构简图与光敏二极管基本一致，但其管芯由两个PN结组成。

以NPN型光敏三极管为例，其管芯结构简图如6-8所示，用N型硅基片作集电区，并在N型硅基片上构成P型层硅作为基区，同时在P型硅上制作发射区。当光照射基区时，集电区和基区的PN结相当于光敏二极管，产生的光电流类似于晶体管的基极电流。光敏三极管的电流放大系数决定于基极的宽度和发射极的注入效率，一般为几十至几百，有的可达一千以上。由此可见，光敏三极管的灵敏度比光敏二极管要高，但比光敏二极管有更大的暗电流和较大的噪声，且响应速度较慢。

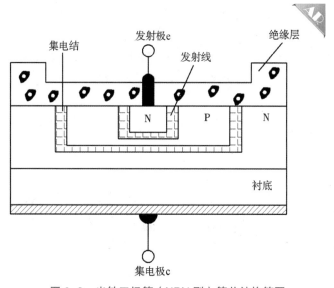

图6-8　光敏三极管（NPN型）管芯结构简图

 任务实施 ////////////

1.观察图6-2，可以明显地看到该传感器有一个透明外壳，内部有类似金属的板状结构，下端有引线引出，初步判断该传感器为光电式传感器。

2.在光电传感器中，光电管和光电倍增管具有透明外壳且其中包含金属板，与图6-2所示传感器相吻合。仔细观察该传感器可见其内部板状金属为多层结构，下部引线较多，基本可判断该传感器为光电倍增管。

3.以图片方式搜索该传感器，搜索结果显示该传感器确实为光电倍增管，验证判断结果正确。

巩固练习

一、填空题

1.光电式传感器是一种以_____为基础，把_____转换成_____的装置。

2.基于内光电效应的器件有_____、_____ 和_____等。

3.光敏电阻的_____随着外界_____的变化而变化，光照越强_____。

4.光电池是利用_____把光能直接转变成_____的器件。

5.光敏二极管由_____PN结组成，光敏三极管由_____PN结组成，光敏三极管基极与集电极之间相当于_____的光敏二极管。

6.辨识下列光电式传感器的类型：（a）_____、（b）_____、（c）_____、（d）_____。

（a）　　　　　　　（b）　　　　　　　（c）　　　　　　　（d）

二、选择题

1.下列光电器件是基于外光电效应制成的是（　　　　）。

A.光电管　　　　　　　　　　B.光电池

C.光敏电阻　　　　　　　　　D.光敏二极管

2.光敏电阻的特性是（　　　　）

A.有光照时亮电阻很大

B.无光照时暗电阻很小

C.无光照时暗电流很大

D.受一定波长范围的光照时亮电流很大

三、简答题

1.什么是光电式传感器？光电式传感器的基本工作原理是什么？

2.典型的光电器件有哪些？分别是基于什么效应？

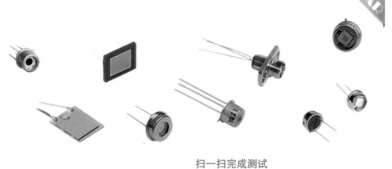

目标检测

扫一扫完成测试

任务二 比较不同类型
光电式传感器的特性

任务目标

» 1. 能根据要求完成光电池和光敏电阻传感器特性测定的实验
操作。

» 2. 能正确绘制光电池和光敏电阻传感器的特性曲线。

» 3. 比较分析光电池和光敏电阻传感器的特性。

任务描述

基于不同的光电效应，光电式传感器可分为不同的类型，那么不
同类型的光电式传感器其特性有何区别吗？下面将比较硅光电池和光
敏电阻基本特性的差异。

任务实施

一、需用器件与单元

光电传感器实验模板1块（图6-9），万用表一个。

主实验箱：稳压电源、恒流源。

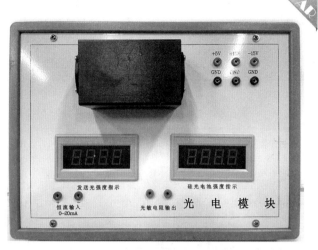

图 6-9　光电传感器实验模块

二、操作步骤

1.将光电传感器实验模块装于主实验箱上，完成相关连线：

①把 0~20mA 恒源源的输出和光电模块上的恒流输入连接起来。

②光敏电阻输出和万用表电阻档（200Ω）相连。

③光电传感器实验模块与主实验箱的 ±15V 电源、＋5V 电压和地线相连。

2.确认连线无误，打开主实验箱电源开关。

3.将主实验箱的 0~20mA 恒流源调节到最小。

4.硅光电池测定：调节恒流源，观察光电实验模块左边发射光强指示显示框，从 0 开始每隔 20lx，读取光电模块右边硅光电池强度指示显示数据，并记录下来，填入表 6-1。

5.光敏电阻测试：将恒流源再次调到最小，观察光电模块左边发射光强指示显示框，由于光敏电阻光较弱时变化较大，在 0~20lx 之间，每隔 5lx 读取一次万用表读数，以后每隔 10lx 读取一次，将测得的数据填入表 6-2 中。

6.记录完成后，关闭电源，整理实验器材。

三、数据处理与分析

1.根据实验数据，填入表 6-1、表 6-2。

表6-1　输入光强与硅光电池输出电压

I（lx）	0	20	40	60	80	100	120	140	160	180	200
V（mV）											

表6-2　输入光强与光敏电阻阻值

I（lx）	0	5	10	15	20	25	30	40	50	60	70	80
R（Ω）												
I（lx）	90	100	110	120	130	140	150	160	170	180	190	200
R（Ω）												

2.根据表6-1、表6-2分别作出硅光电池输入光强与输出电压值的特性曲线以及光敏电阻输入光强与光敏电阻阻值的特性曲线。

3.选择合适的拟合方式分别计算硅光电池和光敏电阻的拟合方程、灵敏度和线性度。

4.尝试对比分析硅光电池和光敏电阻的基本特性，简述其差异。

任务评价

序号	评价内容	配分	扣分要求	得分
1	实验模块与主实验箱连线	25	步骤操作不规范，每次扣2分 连线不正确，每处扣5分	
2	硅光电池特性测定	25	步骤操作不规范，每次扣2分 数据记录不准确，每处扣2分	
3	光敏电阻特性测定	25	步骤操作不规范，每次扣2分 数据记录不准确，每处扣2分	
4	数据处理与分析	25	曲线绘制不准确，每处扣5分 数据计算不准确，每处扣2分	
任务成绩：				

巩固练习

在SY-K11型传感器仿真实训平台上，根据操作提示完成《光电转速传感器的转速测量实验》，观察输出波形随转速的变化情况。

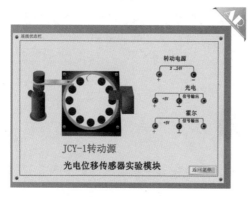

扫一扫完成任务

任务三　熟知光电式传感器的医学应用

任务目标

» 1.能列举各类光电式传感器在医学领域的典型应用。

» 2.能理解光电式传感器在各类医疗设备中的工作原理。

学习导入

　　光电式传感器由于反应速度快，精度高、分辨高、可靠性好，能实现非接触测量，加之光电传感器具有体积小、重量轻、功耗低、便于集成等优点，广泛用于军事、宇航、通信、智能家居、智能交通、安防、LED照明、玩具、检测与工业自动化控制等多种领域。光电式传感器在医学领域的典型应用有哪些呢？

任务描述

　　请查阅光电式传感器在医学领域的相关资料，以"光电式传感器的医学应用"为主题，图文结合制作演示文稿或手绘小报，与身边的同学和朋友交流分享吧！

一、外光电效应型光电器件的医学应用

在生物医学工程领域，光电管、光电倍增管常用于检验设备和影像设备中。两者相比，光电管成本低，要求所加直流电压低且单一，但灵敏度也低，因此多用于光信号较强的生化测量仪器。光电倍增管结构复杂，但它有高灵敏度、高放大倍数、性能稳定的优点，因此广泛用于弱光线的测量，尤其是各种射线探测中。

1.光电管、光电倍增管在分光光度计中的应用　分光光度计是一种利用分光光度法对溶液中的物质进行定量分析的仪器。它可以通过测量样品吸收特定波长的光线来确定样品中某种物质的含量。在医学上，常应用于检验设备，通过测量血液中的葡萄糖、胆固醇、肝酶、心肌酶等物质的含量来诊断糖尿病、高血脂、肝病、心肌梗死等疾病。

分光光度计的原理框图如图6-10所示。从光源灯发出的光经单色器色散后变为单色光，此单色光透过比色皿内的待测溶液，照射到光电管上。光电管将这一随溶液浓度不同而变化的光信号转换成电信号，再经放大器放大后，由读出显示装置将透光度或吸光度显示出来。针对测量较弱的光线，可将光电管换成光电倍增管，使测量灵敏度增加。

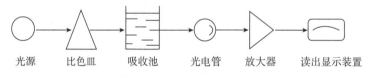

光源　　比色皿　　吸收池　　光电管　　放大器　　读出显示装置

图6-10　分光光度计原理框图

2.光电倍增管在医学影像设备中的应用　医学影像中诊断常用的X光机中就有光电倍增管的身影，它用来自动控制胶片的X光曝光量。具体来说，在X光到达胶片之前，用一个含有磷的屏幕将X光转换成可见光，用光电倍增管接收这个光信号，当这个光信号达到预定标准时发出切断信息，及时切断X光源，从而保证胶片得到准确的曝光量。正电子发射断层扫描仪（PET）是一种可显示生物分子代谢、受体及神经介质活动的影像设备。检查时将某种生命代谢中不可缺的物质，如葡萄糖、蛋白质、核酸或脂肪酸标记上短寿命的放射性核素注入人体。短寿命放射性核素在衰变过程中释

放出正电子，而正电子在行进的短距离内（十分之几毫米至几毫米）即可遇到一个电子发生湮灭而产生一对光子。仪器中的光电倍增管能灵敏地捕捉到产生的光子，由计算机进行数据处理后可得到受检体的放射性示踪剂分布图，广泛用于多种疾病的诊断与鉴别诊断、病情判断、疗效评价等方面。

二、内光电效应型光电器件的医学应用

1.光电池在光电比色计中的应用　光电比色计主要是利用化学分析中的比色法，通过测量样品在特定光源下的吸光度，再将其与标准溶液的吸光度进行比较，从而得到溶液中物质的浓度，常用于医学检验仪器中。其原理框图如图6-11所示。从光源发出的光束分成左右两路，其中一路光程中放有标准样品，另一路光程中放有被测溶液。两光程的终点分别装有两个特性完全相同的光电池，两光电池送出信号输入差动放大器，经过信号放大后再进行下一步的数据处理和分析。

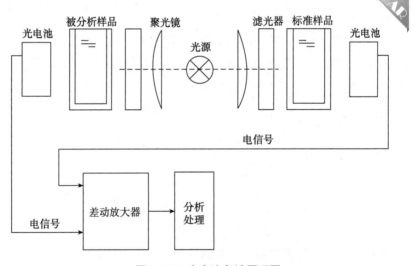

图6-11　光电比色计原理图

2.光敏二极管在血氧仪中的应用　血氧仪是光电二极管在医学领域最重要的应用之一，它是用来监测患者血氧饱和度的仪器，是临床上比较常用的一种无创测血氧状况的仪器，原来应用在ICU、监护室等危重患者的监护上。随着科技的发展，现在已经非常普及了，不仅有医用的，还有家用的，如图6-12所示就是一种家用指夹式血氧仪。血氧饱和度（SpO_2）是指血

液中被氧结合的氧合血红蛋白的容量占全部可结合的血红蛋白容量的百分比，它是反映人体呼吸功能及氧含量的重要生理参数。血氧仪测量血氧饱和度的原理是根据血红蛋白的吸收光谱，即血红蛋白（Hb）和氧合血红蛋白（HbO_2）对不同波长的光有着不同的吸收系数。目前应用最广的血氧仪是从人的手指尖部获取信息的透射式血氧仪，其仪器的结构框图如图6-13所示。通常，血氧仪的光源采用波长为660nm左右的红色发光二极管和940nm左右的近红外发光二极管。经脉冲调制驱动交替发光，当LED发光二极管发出的光照射到皮肤上时，一部分会透过皮肤并被血液吸收，光电二极管接收透过的光，将光信号转为电信号，再经后续电路处理，送单片机进行运算，最后得出血氧饱和度。

图6-12 指夹式血氧仪

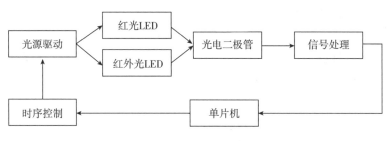

图6-13 血氧仪结构框图

3.光敏三极管在脉搏血压仪中的应用　光容积描记法测量脉搏波和血压的原理是利用光容积的变化来测量脉搏和血压的。当血管内血容量变化时，组织对光的吸收程度相应发生变化，利用光电传感器可测出这种变化，反映出血液脉动状况和压力情况。将发光二极管和光敏三极管分别放在组织的两边（透射法）或同一侧（反射法），当被测处血管中的血液流动改变时，此处组织的透光率和反射率随之变化，光敏三极管就可将由此引起的光线变化转换为相应的电信号输出。目前大部分的智能手表测量血压和脉搏用的就是反射法。

图6-14是运用透射法测量脉搏波和血压的一个实际例子。在手指上套一筒状可加压套，透射式光电传感器和压力传感器置于套的内侧。加压时，血管容积改变，导致透光量变化，光敏三极管将这一光的变化转换成电信号输出，即是容积脉搏波曲线。当套内压超过动脉压时，动脉血管阻断，

容积不变，脉搏波消失；当套内压等于动脉压时，脉搏波振幅最大，此点测得的压力为血压的平均值，脉搏波消失点对应的压力为最高血压。与有创测量对比说明，这种方法测得的平均压和高压较准确。类似的方法还可以测量血管弹性，说明血管的硬化程度。

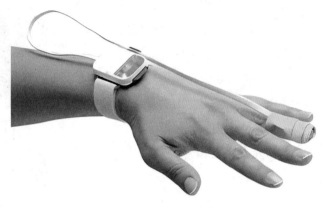

图 6-14　指套式脉搏血压仪

任务实施 ///////////

以本任务知识导航中的内容为基础，查阅相关资料，以"光电式传感器的医学应用"为主题制作演示文稿或手绘小报。

序号	评价内容	评价要素	评分标准	得分
1	主题	突出主题：光电式传感器的医学应用	很好（14～20） 一般（8～13） 较差（0～7）	
2	内容	内容完整，涵盖医学领域中各类光电式传感器的应用情况	很好（14～20） 一般（8～13） 较差（0～7）	
		文字表述正确、图表表达准确	很好（14～20） 一般（8～13） 较差（0～7）	
3	构思	结构合理、逻辑严谨	很好（8～10） 一般（4～7） 较差（0～3）	
4	素材	图片及其他素材运用合理	很好（8～10） 一般（4～7） 较差（0～3）	
5	美化	文字清晰、重点突出	很好（8～10） 一般（4～7） 较差（0～3）	
		布局合理、配色优美	很好（8～10） 一般（4～7） 较差（0～3）	
总分				

巩固练习

简答题

1.列举不同类型光电式传感器在医学领域的应用。

2.简述光电式传感器在健康智能手表中的作用及其工作原理。

129

模块七
热电式传感器

📇➤ 模块导学

　　热电式传感器是利用某些材料或元件与温度有关的性质，将温度的变化转化为相关电量的变化，也称温度传感器。温度是表征物体冷热程度的物理量，与人类生活关系密切，温度测量与控制的应用十分广泛。据统计，热电式传感器数量约在各类传感器中占首位。

　　体温是反映人体健康状况的一项重要指标，体温是机体不断进行新陈代谢的结果，它又是机体能正常进行活动的条件之一。在生物医学领域，体温的测量和控制有着极为重要的意义。体温测量是判断人体健康状况的一个重要指标，而将体温控制到一定温度也是重要的疾病治疗手段。热电式传感器在医学领域的最重要应用就是测量体温。

任务一　辨识热电式传感器

任务目标

» 1. 能说出热电式传感器的定义、分类和基本结构。

» 2. 能初步辨识不同类型的热电式传感器。

» 3. 能理解热电式传感器的工作原理。

学习导入

体温是显示人体生命活动的特征之一，是临床疾病诊断的重要依据。例如，发热是SARS、禽流感等传染病的典型症状，体温检测是诊断此类病例的首要环节。因此，在疾病预防和临床诊疗中，体温测量的结果能帮助医生了解患者的病情，并对判断治疗方案的合适与否起到相应的参考作用。

用于体温测量医疗仪器有很多，如常见的电子体温计［图7-1（a）］、耳温枪［图7-1（b）］、额温枪［图7-1（c）］、热像仪［图7-1（d）］等等。这些体温测量设备有什么不同？它们所采用的传感器又分别是什么？其测量原理是怎么样的呢？

（a）电子体温计　　（b）耳温枪　　（c）额温枪　　（d）热像仪

图7-1　常见体温测量设备

观察图7-2所示传感器，请辨认它属于哪一大类传感器。并根据其外观特征及结构，判断它属于什么分类。

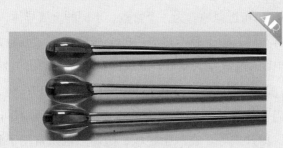

图 7-2　传感器

 知识导航 //////////

临床中对于温度的测量主要可分为两种方式，即接触式和非接触式。接触式温度测量是将热敏电阻、热电偶等传感器放置于待测目标部位，利用热传导作用达到直接测量温度的目的。而非接触式温度测量是通过将接收到的由被测部位辐射出的热（红外线）转换为电量而达到间接测量温度的目的。根据传感器各自的特点，不同的测量方式在临床中发挥着不同的作用。

一、热敏电阻式传感器

绝大多数物质的电阻率都随其本身温度的变化而变化，这一物理现象称为热电阻效应。利用这一原理制成的温度敏感元件称为热电阻，在电子体温计中所采用的传感器大多属于此类。由纯金属热敏元件制作的热电阻称为金属热电阻，由半导体材料制作的热电阻称为半导体热敏电阻。

温度系数是当温度变化时对应量值变化的比例值，当材料阻值随温度正向变化时，我们称之具有正温度系数，反之为负温度系数。金属的温度系数一般为正，单晶半导体的温度系数也为正，但随掺杂浓度的增加而减小。陶瓷半导体温度系数为负，并且非线性较大。

1.金属热电阻　在一定的温度范围内，大多数金属材料电阻与温度的关系为：

$$R_T = R_0 \left[1 + \alpha \left(T - T_0 \right) \right] \tag{7-1}$$

式（7-1）中，R_T为元件在温度为T时的电阻；R_0为元件在温度为T_0时的电阻；α为T_0时电阻温度系数。

对于绝大多数金属导体，α并不是一个常数，而是温度的函数，但在一定的温度范围内，α可近似地看为一个常数，不同的金属导体，α保持常数所对应的温度范围不同。用于制造热电阻的金属应具有尽可能大和稳定的电阻温度系数和电阻率，R-T关系最好成线性。目前最常用的金属热电阻有铂热电阻（工作范围为-200~850℃）和铜热电阻（工作范围为-50~150℃）。

金属热电阻温度传感器根据不同的需要设计成各种不同的结构形式，有棒式、笼式、薄片式等。在医学领域，金属热电阻常用于测量人体体表温度。因此，需要传感器体积小且易于与体表紧密接触。所以一般采用薄片式结构，如图7-3所示，将金属热电阻丝绕在特制的云母薄片上，再用玻璃或陶瓷进行封装。

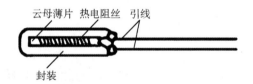

图7-3　薄片式金属热电阻

2.半导体热敏电阻　半导体中参加导电的是载流子，由于半导体中载流子的数目远比金属中的自由电子数目少得多，所以它的电阻率较大。载流子的数目会随温度的改变而发生变化，从而导致阻值发生变化。热敏电阻正是利用半导体材料阻值随温度变化的特性而制成的温度传感器。半导体热敏电阻具有体积小、结构简单、灵敏度高（温度系数远大于金属热电阻）、稳定性好、适合进行动态测量等优点，广泛应用于医学领域的温度测量中。

热敏电阻按照温度系数可分为负温度系数热敏电阻（NTC）、正温度系数热敏电阻（PTC）和临界温度热敏电阻（CTR）三类。它们随温度的变化关系曲线（即半导体热敏电阻特性）如图7-4所示。其中，负温度系数热敏电阻（NTC），其电阻值随温度升高而下降，特别适用于-100~300℃之间测温，在点温、表面温度、温差、温场等测量中得到日益广泛的应用。正温度系数热敏电阻（PTC）温度升高时阻值也随之增大，大量用于民用设备，如用于电冰箱压缩机启动电路、电动机过热保护电路等。临界温度热敏电阻

（CTR）具有负电阻突变特性，在某一温度下，电阻值随温度的增加急剧减小，具有很大的负温度系数，一般作为温度开关。

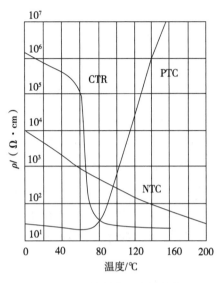

图 7-4　热敏电阻特性曲线

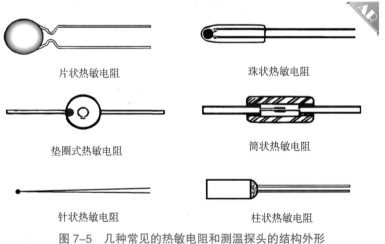

片状热敏电阻　　　　　　　　　珠状热敏电阻

垫圈式热敏电阻　　　　　　　　筒状热敏电阻

针状热敏电阻　　　　　　　　　柱状热敏电阻

图 7-5　几种常见的热敏电阻和测温探头的结构外形

　　根据不同的使用要求，半导体热敏电阻可以做成各种不同的形状，图7-5是几种常见的半导体热敏电阻结构外形。生物医学测量中常用珠状或薄片状的热敏电阻作为温度测量探头，因为这两种结构都可以做得很微小，而且热惯性小，响应时间很短。珠状热敏电阻通常采用金属氧化物混合材料制成的，它的外层用玻璃粉烧结成很薄的防护层，并用杜美丝与铂丝相接引出，外面再用玻璃管作保护套管。珠状热敏的探头尺寸最小可做到0.15mm，能在其他温度计无法测量的腔体、内孔狭小处测温，如人体血管内的温度等。薄片状热敏电阻用单晶体材料（如碳化硅）制作，其外面覆之以高强度绝缘漆一类材料作为防护绝缘层，这种形状的热敏电阻很适合测量表面温度和皮肤温度等。

二、热电偶式传感器

1.热电效应　如图7-6所示，将两种不同的导体A和B的两端相连，串接成一个闭合回路，如果两结合点所处的温度不同（$T \neq T_0$），则回路中将产生电流和电势，其大小与材料性质及结点温度有关，这种现象称为热电效应或塞贝克效应。以这样的形式结合起来用于测温的一对导体称为热电偶，这两个导体成为热电极，热电偶所产生的电势称为热电势。热电偶的两个结点中，置于温度为T的被测对象中的结点称为测量端，又称为工作端或热端；置于温度为T_0的另一结点称为参考端，又称为自由端或冷端。

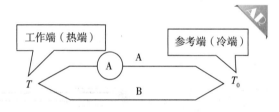

图7-6　热电偶原理

2.热电势　热电偶产生的热电势是由两种导体的接触电动势和单一导体温差电动势两部分组成。接触电动势是由于不同金属的自由电子密度不同，接触时结点处发生电子扩散造成的，当触点处电子扩散达到动态平衡时，产生一个稳定的接触电势。接触电动势的大小与温度高低及导体中的自由电子密度有关：温度越高，接触电动势越大；两种导体电子密度比值越大，接触电动势越大。温差电动势是在同一导体中，由于温度不同而产生的一种电动势。对于单一导体，如果两端温度不同，导体中的自由电子在高温端具有较大的动能而向低温端扩散，导致导体的高温端因失去电子而带正电，低温端由于获得电子而带负电，从而形成了一个从高温端指向低温端的静电场，则在导体两端产生一个相应的电势差，称为单一导体温差电动势。

3.热电偶的分类　从理论上讲，只要是两种不同性质的导体都可配置成热电偶，但实际上组成热电偶时还要考虑到灵敏度、精确度、可靠性、稳定性等条件。热电偶种类很多，它们的分类方法也不同，按固定装置型式分类，可分为无固定装置式、螺纹式、固定法兰式、活动法兰式、活动法兰角尺形式、锥形保护管式等。按装配及结构方式分类，可分为可拆卸式热电偶、隔爆式热电偶、铠装热电偶和压弹簧固定式热电偶等。按用途分类，可分为普通工业用和专用两大类，医用热电偶属于专用类。典型的热电偶结构如图7-7所示。

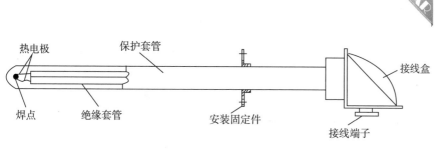

图7-7　热电偶典型结构

三、晶体管与集成温度传感器

根据半导体物理知识，PN结的伏安特性与温度有关，利用PN结的这一特点，可以制成各种温度传感器，典型的PN结型温度传感器有二极管温度传感器、三极管温度传感器和集成电路温度传感器。在低温段，它们是线性度好、测温精度较高的常用测温传感器。

1.二极管温度传感器　二极管有一个PN结，从其伏安特性曲线可知，当流过二极管电流恒定时，二极管两端电压随着温度升高近似线性地降低。PN结二极管温度传感器的线性范围较宽，上限温度不能太高，一般约为120℃，特殊的碳化硅温度敏感二极管的工作温度上限可达500℃。一般为-40~100℃。

2.集成温度传感器　经研究证明，晶体管发射结上的正向电压随温度上升而呈近似线性下降，这种特性与二极管十分相似，但晶体管表现出比二极管更好的线性和互换性。集成温度传感器是利用晶体管PN结的电流与电压特性与温度的关系，把敏感元件（温敏三极管）、放大电路和补偿电路等部分集成化，并把它们装封在同一壳体里的一种一体化温度检测元件，其外形跟普通三极管或集成芯片一致。集成电路温度传感器的感温元件采用差分晶体三极管，它能产生与绝对温度成正比的电压和电流，其工作温度范围一般为-50~150℃。集成电路温度传感器按输出类型可分为模拟输出型、数字输出型和开关输出型集成温度传感器。集成温度传感器具有体积小、热惯性小、响应快、测量精度高、稳定性好、校准方便、价格低廉等特点，特别适用于医学领域，目前常被用来做体温计，它是未来温度传感器的发展方向之一。

四、非接触式温度传感器

非接触测温是通过探测物体发射的辐射（一般为红外辐射）能量对其温度进行测量的一种方法，也叫辐射测温。自然界所有温度在绝对零度（-273℃）以上的物体，都会发出电磁波（光线），常温下发出的主要为红外线。红外线（或称热辐射）是自然界中存在最为广泛的辐射。物体红外辐射的强度和波长分布取决于物体的温度和辐射率，而人体的红外辐射波长范围为 3 ~ 16μm。由于人体各部分的温度分布不同，且随生理与病理状态而变更，从而导致体表红外辐射能量的改变。红外辐射可通过特定的红外检测器测量及转换成相应的电信号，这种电信号经处理后就可通过显示器显示出体表温度或与体表温度变化相关的热图像。

1.红外光电传感器　红外光电传感器的工作原理是基于光电效应（详见模块六光电式传感器），当有红外线入射到光导材料上，光导材料中的电子将吸收红外线中的光子能量，从而引起各种电学现象。通过检测光导材料相关电量的变化，可以知道红外辐射的强弱。在家庭中测量体温所用的额温枪和耳温枪就是采用的此类热电式传感器。

2.热释电传感器　热释电传感器是利用热释电效应所制成的一种对温度敏感的传感器，它能检测人体发出的红外线并转换成电信号输出。在商场、地铁站等人流密集处测量体温所用热成像仪就是采用的热释电传感器。热释电效应是指某些晶体在温度变化时发生极化而表现出的电荷释放现象，宏观上是温度的改变使在晶体的两端出现电压或产生电流。非中心对称的晶体，在自然状态下，某个方向上正负电荷中心不重合，在晶体表面形成一定了的极化电荷。在温度稳定时，因晶体表面吸附周围空气中的异性浮游电荷，从而达到平衡，观察不到自发极化现象。但当温度发生变化时，如图7-8所示，晶体表面的极化电荷会随之发生变化，而其周围吸附的浮游电荷跟不上变化，失去电平衡，呈现出极化现象。

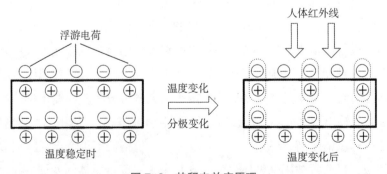

图 7-8　热释电效应原理

图7-9是热释电探测器的结构示意图，其中热释电元件相当于一个平板电容器，晶体薄片两面各有一个金属面电极。一面电极上受光照射。由于涂有黑色，吸收全部入射辐射，加热了电极和元件，引起温升，在电极上产生变化的电荷。由于热释电元件输出的是电荷信号，并不能直接使用，因而需要用高值电阻和场效应管共同作用将其转换为电压形式。滤光片能有效地让人体辐射的红外线通过，而最大限度地阻止阳光、灯光等可见光中的红外线的通过，以免引起干扰。

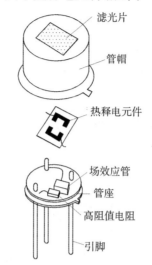

滤光片
管帽
热释电元件
场效应管
管座
高阻值电阻
引脚

图7-9　热释电探测器的结构示意图

知识充电宝

热释电传感器和红外光电传感器的比较

1.红外光电传感器在吸收红外能量后，直接产生电效应；热释电传感器在吸收红外能量后，首先产生温度变化，再产生电效应，温度变化引起的电效应与材料特性有关。

2.红外光电传感器的灵敏度高、响应速度快，但会受到光波波长的影响。热释电传感器一般没有红外光电传感器那么高的灵敏度、响应速度也较慢，但响应频段宽（不受波长的影响），响应范围可以扩展到整个红外区域。

任务实施

1.观察图7-2，可以明显地看到该传感器下端有两根引线，头端封装为透明玻璃，内部有类似金属，初步判断该传感器属于热电式传感器，且属于热电阻。

2.仔细观察图7-2，可看到头端透明封装内部两根引线在顶端相结合，可基本判断该传感器为热敏电阻。

3.以图片方式搜索该传感器，搜索结果显示该传感器确实为NTC型热敏电阻管，验证判断结果正确。

拓展阅读

温度传感器的发展

现代信息技术的三大基础是信息采集（即传感器技术）、信息传输（通信技术）和信息处理（计算机技术）。传感器属于信息技术的前沿尖端产品，尤其是温度传感器被广泛用于工农业生产、科学研究和生活等领域，数量高居各种传感器之首。温度传感器的发展大致经历了以下三个阶段：①传统的分立式温度传感器（含敏感元件）；②模拟集成温度传感器/控制器；③智能温度传感器。国际上新型温度传感器正从模拟式向数字式、由集成化向智能化、网络化的方向发展。进入21世纪后，智能温度传感器在朝着高精度、多功能、总线标准化、高可靠性及安全性发展的同时，开发虚拟传感器、网络传感器、单片测量系统等方面也在迅速发展。

巩固练习

一、填空题

1.热电式传感器在生物医学领域一般用来测量＿＿＿＿＿＿。

2.金属热电阻是利用＿＿＿＿＿＿的电阻值随温度变化而变化的特性来实现对温度的测量；半导体热敏电阻是利用＿＿＿＿＿＿的电阻值随温度显著变化这一特性而制成的一种热敏元件。

3.热电偶式传感器产生的热电势由＿＿＿＿＿＿和＿＿＿＿＿＿两部分组成。

4.非接触式温度传感器有＿＿＿＿＿＿和＿＿＿＿＿＿两类。

5.辨识下列热电式传感器的类型：（a）＿＿＿＿＿＿、（b）＿＿＿＿＿＿、（c）＿＿＿＿＿＿、（d）＿＿＿＿＿＿。

（a）　　　　　　（b）　　　　　　（c）　　　　　　（d）

二、简答题

1.热敏电阻式传感器主要分为哪两种类型？简述它们的主要区别。

2.请简述热敏电阻式传感器与热电偶式传感器的异同。

3.什么是集成温度传感器？PN结为什么可以用来作为温敏元件？

4.什么是热释电效应？热释电传感器中遮光片有什么作用？

目标检测

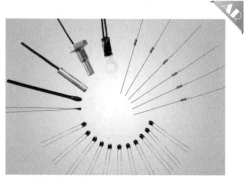

扫一扫完成测试

任务二　比较不同类型热电式传感器的特性

任务目标

» 1.能根据要求完成三类热电式传感器特性测定的实验操作。

» 2.能正确绘制三类热电式传感器的特性曲线。

» 3.比较三类热电式传感器的特性差异。

任务描述

　　在选用、使用以及维护保养传感器时，首先需要了解传感器的特性。热电式传感器可分为诸多类型，这些不同类型的热电式传感器特性又会有什么不同呢？下面将测定金属热电阻式温度传感器、热敏电阻式温度传感器和集成温度传感器的基本特性，并比较分析三种热电式传感器基本特性的差异。

一、测定金属热电阻式温度传感器的特性

知识导航

　　金属热电阻传感器的测量最常用的是电桥电路。由于热电阻的阻值较小，所以连接导线的电阻值不能忽视，导线电阻将对测量结果产生误差。为了消除导线电阻的影响，一般采用三线或四线电桥连接法。三线制可以减小热电阻与测量仪表之间连接导线的电阻因环境温度变化所引起的测量误差。

四线制可以完全消除引线电阻对测量的影响，用于高精度温度检测。

本任务中，采用三线制测量电桥电路，其连接原理如图7-10所示。R_1、

R_2、R_3为固定电阻，R_a为调节电阻。金属热电阻R_t，通过阻值为r_1、r_2和r_3的3根导线与电桥连接。初始状态通过R_a调节使得电桥平衡状态，输出电压为零。当温度发生变化时，金属热电阻的电阻值发生变化，会导致电桥失衡；r_1和r_2分别接在相邻的两臂内，只要保证它们

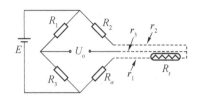

图7-10 金属热电阻传感器测量
电桥的三线连接法

的长度和电阻温度系数相同，它们的电阻变化就不会影响电桥的输出电压；r_3不在桥臂上，对电桥平衡状态无影响。则最终输出的电压只与金属热电阻的电阻值变化相关，即反映温度的变化。

任务实施

一、需用器件与单元

温度传感器实验模板1块（图7-11）。

主机箱：恒流源、温度控制单元、数字电压表。

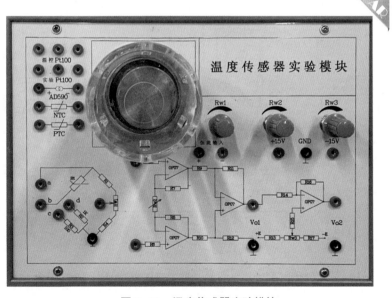

图7-11 温度传感器实验模块

二、操作步骤

1.将温度传感器实验模块装于主实验箱上。

2.按图7-12连接示意图完成连线

① ±15V电源和GND连线。

②把主实验箱中"温度检测与控制"单元中的"恒流加热电源"输出端与温度传感器实验模块中的恒流输入连接起来。

③将温度传感器实验模块中的Pt100金属热电阻传感器接入a、b间，把b、c连接起来，这样，R_1、R_3、R_4、R_{w1}、Pt100就组成了三线电桥测量电路。

④检查连线无误，打开主实验箱电源。

⑤再把R_{w2}逆时针旋到底，将一级放大电路的增益调整到最小。

⑥将温度传感器实验模块上差动放大电路的V_o输出与主控箱的数字电压表相连，再将差动放大器的输入端与地短接，调节R_{w3}使差动放大器的输出为零，拆除差动放大器的输入端与地短接连线。

⑦在端点a与地之间加+5V的直流电源，再将电桥的输出与差动放大器相连。

⑧调节R_{w1}使电桥平衡，即使差放的输出为零。

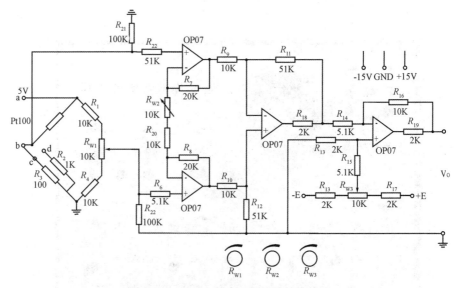

图7-12　Pt100热电阻测温实验接线图

3.打开智能温度表电源，如图7-13所示，按SET按键，将温度表的SV窗口设定为100℃。

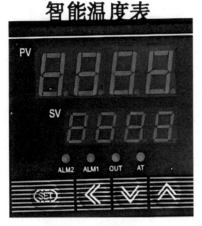

图7-13 智能温度表

4.等待温度表PV窗口显示30℃，记录下此时电压表的示数，以后每隔5℃，即Δt=5℃，读取电压表示数，将结果填入下表7-1。

5.关闭电源，整理器材。

三、数据处理与分析

1.根据实验数据，填入表7-1。

表7-1 金属热电阻式温度传感器温度与输出电压值

温度 T（℃）	30	35	40	45	50	55	60	65	70	75	80
电压 U（mV）											
拟合电压值 U（mV）											
偏差 Δy（mV）											
最大偏差 Δy_m（mV）											

2.根据表7-1数据作出金属热电阻式温度传感器温度与输出电压值的特性曲线。

3.计算金属热电阻式温度传感器温度与输出电压值的拟合方程，并根据拟合方程计算拟合电压值、偏差和最大偏差，填入表7-1中，并计算系统灵敏度和线性度。

二、测定半导体热敏电阻式温度传感器的特性

 任务实施

一、需用器件与单元

温度传感器实验模板1块（图7-11）。
主实验箱：温度控制单元、万用表。

二、操作步骤

1.开启主实验箱上的总电源，打开智能温度表电源，将温度表的SV窗口设定为100℃。设置完成后，关闭温度表电源和将主实验箱上的总电源。

2.将温度传感器实验模块装于主实验箱上。

3.按要求完成连线：

① ±15V电源和GND连线
②把主实验箱中"温度检测与控制"单元中的"恒流加热电源"输出端与温度传感器实验模块中的恒流输入连接起来。
③将温度模块中的温控Pt100与主实验箱的Pt100输入连接起来。

4.检查接线无误，打开主实验箱上的总电源，打开智能温度表电源。

①用万用表测量温度模块上的NTC输出电阻，等待温度表PV窗口显示30℃，记录下此时万用表电阻示数，以后每隔5℃，即$\Delta t = 5℃$，记录下万用表电阻示数，将结果填入表7-2。

②用万用表测量温度模块上的PTC输出电阻，等待温度表PV窗口显示30℃，记录下万用表电阻示数，以后每隔5℃，即$\Delta t=5$℃，记录下万用表电阻示数，将结果填入表7-3。

5.关闭电源，整理器材。

注意事项：

加热器温度不能加热到120℃以上，否则将可能损坏加热器。

三、数据处理与分析

1.根据实验数据，填入表7-2、表7-3。

表7-2　NTC热敏电阻式温度传感器温度与输出电阻值

温度 T（℃）	30	35	40	45	50	55	60	65	70	75	80
电阻 R（Ω）											

表7-3　PTC热敏电阻式温度传感器温度与输出电阻值

温度 T（℃）	30	35	40	45	50	55	60	65	70	75	80
电阻 R（Ω）											

2.根据实验所得的数据绘制出NTC、PTC的特性曲线。

热敏电阻的线性化

由于温度变化引起的阻值变化大，因此测量时引线电阻影响小，并且体积小，非常适合测量微弱温度变化；但是热敏电阻值随温度变化呈指数规律，其非线性严重，当所需的温度量程较大时，电阻-温度特性的固有非线性是比较麻烦的。所以，实际使用时要对其进行线性化处理。在限定的温度量程内，可有两种途径获得近似线性化。具体的方法是采用温度系数很小的电阻与热敏电阻串联或并联构成电阻网络（常称为线性化网络）代替单个热敏电阻，使等效电阻与温度的关系在一定的温度范围内是线性的。

三、测定集成温度传感器的特性

知识导航

集成温度传感器有电压型和电流型二种。电流输出型集成温度传感器，在一定温度下，它相当于一个恒流源。因此它不易受接触电阻、引线电阻、电压噪声的干扰，具有很好的线性特性。任务中采用的是国产的AD590，只需要一种电源（+4V~+30V），即可实现温度到电流的线性变换，然后在终端使用一只取样电阻即可实现电流到电压的转换。其使用方便且电流型比电压型的测量精度更高。

任务实施

一、需用器件与单元

温度传感器实验模板1块（图7-11）。

主实验箱：温度控制单元、数字电压显示器。

二、操作步骤

1.开启主实验箱上的总电源，打开智能温度表电源，将温度表的SV窗口设定为100℃。设置完成后，关闭温度表电源和主实验箱上的总电源。

2.将温度传感器实验模块装于主实验箱上。

3.完成温度传感器实验模板与主实验箱的连线：

　①±15V电源和GND连线。

　②把主实验箱中"温度检测与控制"单元中的"恒流加热电源"输出端与温度传感器实验模块中的恒流输入连接起来。

　③将温度模块中的温控Pt100与主实验箱的Pt100输入连接起来。

　④将温度模块中左上角的AD590接到温度模块左下方电路中的a、b上（正端接a，负端接b），再将b、d连接起来。

　⑤将主实验箱的+5V电源接入温度模块中的a点，主实验箱的GND接入地。

　⑥将d与主实验箱的电压表输入端相连，接地端与电压表的输入负端相连。

4.检查接线无误，打开主实验箱上的总电源，打开智能温度表电源，等待温度表PV窗口显示30℃，记录下此时电压表的示数，以后每隔5℃，即$\Delta t=5℃$，读取电压表示数，将结果填入表7-4。

5.关闭电源，整理器材。

注意事项：

1.加热器温度不能加热到120℃以上，否则将可能损坏加热器。

2.不要将AD590的+、−端接反，因为反向电压可能击穿AD590。

三、数据处理与分析

1.根据实验数据，填入表7-4。

表7-4 集成温度传感器温度与输出电压值

温度 $T(℃)$	30	35	40	45	50	55	60	65	70	75	80
电压 U（mV）											
拟合电压值 U（mV）											
偏差 Δy（mV）											
最大偏差 Δy_m（mV）											

2.根据表7-4的数据绘制集成温度传感器的特性曲线，计算集成温度传感器温度与输出电压值的拟合方程，并根据拟合方程计算拟合电压值、偏差和最大偏差，填入表7-4中，并计算系统灵敏度和线性度。

★ 任务评价

序号	评价内容	配分	扣分要求	得分
1	实验模块与主实验箱连线	20	步骤操作不规范，每次扣2分 连线不正确，每处扣5分	
2	金属热电阻特性测定	20	步骤操作不规范，每次扣2分 数据记录不准确，每处扣2分	
3	半导体热敏电阻特性测定	20	步骤操作不规范，每次扣2分 数据记录不准确，每处扣2分	
4	集成温度传感器特性测定	20	步骤操作不规范，每次扣2分 数据记录不准确，每处扣2分	
5	数据处理与分析	20	曲线绘制不准确，每处扣5分 数据计算不准确，每处扣2分	
任务成绩：				

巩固练习

1.在SY-K11型传感器仿真实训平台上,根据操作提示完成《热电偶测温实验》,观察实验现象,记录热电偶传感器温度与输出电压值的特性曲线。

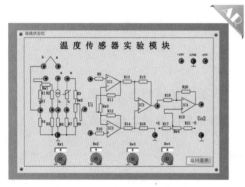

扫一扫完成任务

2.根据任务结果,尝试对比分析金属热电阻式温度传感器、半导体热敏电阻式温度传感器和集成温度传感器的特性。

任务三　熟知热电式传感器的医学应用

任务目标

» 1. 能列举各类热电式传感器在医学领域的典型应用。

» 2. 能理解热电式传感器在体温测量仪中的工作原理。

学习导入

温度是与人体联系最紧密的、可以检测的变量之一，同时亦是机体进行各种正常功能活动的条件之一。体温的测量在生物医学测量领域中占有特殊重要的地位，人体各个部位的温度是诊断各类疾病的重要依据。例如，休克患者会因低血压而引起末梢的低血流量，从而导致体表体温的降低；关节炎和慢性炎症会引起局部血流量增加，从而导致局部温度的升高；麻醉会抑制体温调节中枢功能，从而使体温下降等。

对体温的控制在临床中更具有重要意义，如：高热会破坏对温度敏感的酶和蛋白质，从而对机体造成较大损害，但临床中有时也会利用高温来进行对肿瘤治疗；低温可降低新陈代谢作用和血液循环量，因而在外科手术时，医生有时会采用低温麻醉技术；在儿科方面，由于新生儿特别是早产儿的体温调节中枢尚未建立，因而常需置于温度可精确控制并调节的保温箱中，以稳定新生儿的体温。

热电式传感器是怎样应用于体温测量？

请查阅热电式传感器的医学应用相关资料，以"热电式传感器的医学应用"为主题，图文结合制作演示文稿或手绘小报，与身边的同学和朋友交流分享吧！

知识导航 ///////////////

一、热敏电阻在医学中的应用

热敏电阻具有尺寸小、响应速度快、阻值大、灵敏度高等优点，因此它在许多领域得到广泛应用。在生物医学测量中，以半导体热敏电阻作为温度敏感元件的测温探头根据实际需要有很多种形式。图7-1（a）所示的电子体温计的测温头采用的就是珠状热敏电阻，它是一种口腔型探头。热敏电阻的引出线采用柔软的铜线，外面整个用软塑料套保护，套管头部有一个金属圆头以利于导热。当然，口腔型探头也可用于测量腋温和直肠温度。图7-14给出了几种监护仪上配套使用的常见测温探头。用于监测体表温度的探头为片状热敏电阻，用于监测腔内温度的探头为柱状热敏电阻。此外，还有将热敏电阻安装在其他设备内部来满足不同的测温需要的，如安装在呼吸传感器内用来测定呼吸气流温度；安装在心导管端部来测定血液温度；安装在注射器头部用来测量肌肉温度；与集成发射电路一起安装在微型温度遥测器内，做成药丸吞服，用来遥测体内温度。

一次性体表探头　　可重复使用体表探头　　一次性使用腔内探头　　可重复使用腔内探头

图7-14　常见热敏电阻测温探头

二、热电偶在医学中的应用

医学领域用于测量体温的热电偶外形与热敏电阻类似，图7-15（a）

所示杆状热电偶常被用于测量口腔或直肠温度。绝缘子的作用是防止两热电极短路。由于医用测量中所测温度不高,一般采用橡胶或塑料材料。图7-15(b)是一种用来测量体表温度的薄膜型片状热电偶的结构示意图,它与一般热电偶主要不同之处在于用薄膜热电极代替了常用的金属丝热电极。薄膜热电极的制作方法有很多种,如真空蒸镀法、化学涂层法和电泳法等。此外,还有用来测量血液温度的针状热电偶。先选取一种热电极材料,将它制成针状,然后将另一种热电极材料覆盖在针状电极上,除了针尖部分的结合点作为测量端以外,其余部分都涂上绝缘层使两个热电极互相隔离。这种针状热电极测量端很小,通常附在注射针或导管内。在超声加热治疗肿瘤领域中也会将热电偶作为温度控制传感器。肿瘤治疗实践证明,加热能增强放射性对肿瘤的杀灭。温度为43℃时能使放射性剂量减少1/3,减少了放射性的副作用。深部肿瘤的加热以超声方法为好。但肿瘤区的温度测量精度要求较高,使用热电偶和冰槽恒温技术可以把肿瘤加热区的温度控制在43℃附近。

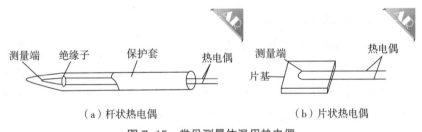

（a）杆状热电偶　　　　　　　　　（b）片状热电偶

图7-15　常见测量体温用热电偶

三、红外光电传感器在医学中的应用

红外光电传感器在医用测温领域应用最多的就是红外体温计,红外光电传感器只吸收人体向外辐射的红外线而不向人体发射任何射线,采用的是被动式且非接触式的测量方式,因此不会对人体产生辐射伤害。与接触式体温计相比,红外体温计能更好地阻断病毒在测温过程中的交叉感染,且测温效率高。但目前来说,其精准度不如接触式体温计,耳温枪和额温枪属于红外体温计。图7-16为目前常见红外体温计的结构框图,红外光电传感器接收到人体发出的红外线后,将其转换为电信号,经信号放大、模数转换等处理后由微控制器进行分析计算,最后传送至显示器显示温度读数。当测得温度超过预设范围时,鸣器报警,提示使用者体温异常。

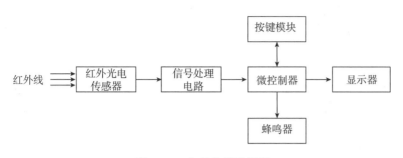

图 7-16 红外体温计框图

四、热释电传感器在医学中的应用

人体是一个天然的生物发热体,不断地向周围空间发散红外辐射。热释电传感器可以通过检测人体的红外辐射来实现人体检测。当人体进入传感器的检测范围时,传感器会感知到人体产生的红外辐射,并输出相应的信号。利用这种特性,热释电传感器已广泛应用于生活中,如自动门、感应灯、智能防盗系统、智能家居等。在医用领域,红外热像仪中常采用热释电传感器作为红外检测器。

由于解剖结构、组织代谢、血液循环、神经功能状态的不同,人体各部位的热场各不相同。当人体患有疾病或者在某些生理状况发生变化时,全身或局部的热平衡会受到破坏,临床上会表现为组织温度的升高或者降低。图 7-17 所示为一台医用红外热像仪,它能接收人体发出的红外辐射,经计算处理后生成人体红外热图,不同的温度用不同

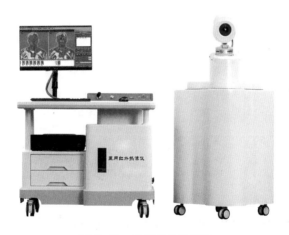

图 7-17 医用红外热像仪

的颜色分布来显示。红外热成像仪以热图的形式客观地实时记录,动态监视机体温度的变化,适用于早期肿瘤、风湿病、神经及血管疾病、乳腺、前列腺、疼痛、断肢再植等多种疾病诊断。

任务实施

以任务知识导航中的内容为基础,查阅相关资料,以"热电式传感器的医学应用"为主题制作演示文稿或手绘小报。

任务评价

序号	评价内容	评价要素	评分标准	得分
1	主题	突出主题:热电式传感器的医学应用	很好(14~20) 一般(8~13) 较差(0~7)	
2	内容	内容完整,涵盖医学领域中各类热电式传感器的应用情况	很好(14~20) 一般(8~13) 较差(0~7)	
		文字表述正确、图表表达准确	很好(14~20) 一般(8~13) 较差(0~7)	
3	构思	结构合理、逻辑严谨	很好(8~10) 一般(4~7) 较差(0~3)	
4	素材	图片及其他素材运用合理	很好(8~10) 一般(4~7) 较差(0~3)	
5	美化	文字清晰、重点突出	很好(8~10) 一般(4~7) 较差(0~3)	
		布局合理、配色优美	很好(8~10) 一般(4~7) 较差(0~3)	
总分				

 **巩固练习**

尝试分析图7−1所示的体温测量设备中所采用的热电传感器所属的类型,简述它们的测量原理。

模块八
压电式传感器

 模块导学

　　压电式传感器是利用压电效应将机械量转换为电量的传感器。压电式传感器的敏感元件由压电材料制成，当压电材料受力后，其表面会产生电荷。这个电荷经过电荷放大器和测量电路的放大和变换阻抗后，会成为正比于所受外力的电量输出。常见的压电材料有压电晶体和压电陶瓷。

　　压电传感元件是一种力敏感元件，凡是能够变换为力的物理量，如应力、压力、振动、加速度等，均可进行测量。由于压电效应的可逆性，压电元件又常用作超声波的发射与接收装置。压电式传感器在医学领域中最典型的应用是超声诊断仪，此外还有微音器、胎儿呼吸监测器、血压测量等。

任务一　辨识压电式传感器

» 1. 能说出压电式传感器的定义。

» 2. 能理解正压电效应和逆压电效应。

» 3. 能初步辨识不同类型的压电材料。

学习导入

　　超声波在生物医学中的应用，主要有超声诊断、超声治疗等方面。目前，超声成像设备主要集中在超声诊断方面，故又称超声诊断仪。它是利用超声波在人体不同组织界面产生反射和散射的回波中所携带的人体内解剖形态信息，经过处理形成不同亮度的图像来诊断疾病的仪器。临床中，常应用于检查腹部、妇产科、血管、神经、心脏、儿科等。

　　如图8-1所示为一台迈瑞便携式彩色多普勒超声仪，它融合了顶尖的硬件工艺和智能后处理算法，特有急诊检查模式提供给医生快速、准确的诊断信息，便携式的设计满足急诊检查需求。深圳迈瑞公司于2006年率先研发了中国第一台完全拥有自主知识产权的台式彩色多普超声系统，打破了国外的技术封锁，使我国国产超声仪达到了世界先进水平。

　　超声诊断仪最关键的硬件就是探头，而探头中最核心的部件是传感器，那你知道超声传感器是用什么材料制成的吗？

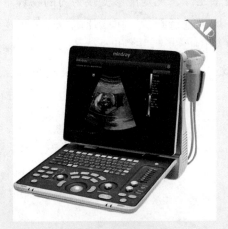

图 8-1　超声诊断仪

任务描述

图8-2所示为一种压电材料，它是哪类压电材料？

图8-2　压电材料

知识导航

一、压电效应

压电式传感器是以压电效应作为工作基础的一种传感器。当某些物质沿一定方向受到外力作用而产生机械变形时，内部会产生极化现象，同时在其表面上产生电荷；在撤掉外力时，这些物质又重新回到原先不带电的状态，这种将机械能转换成电能的现象称为正压电效应［图8-3（a）］。相反，在某些物质的极化方向上施加电场，这些物质会产生机械变形；在撤掉外加电场时，这些物质的机械变形随之消失，这种将电能转换成机械能的现象称为逆压电效应或电致伸缩效应［图8-3（b）］。

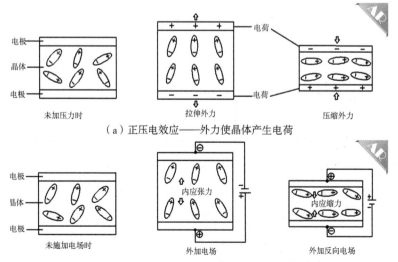

（a）正压电效应——外力使晶体产生电荷

（b）逆压电效应——外加电场使晶体产生形变

图8-3　压电效应

模块八　压电式传感器

二、压电材料

具有压电效应的物质称为压电材料或压电元件。常见的压电材料可分为三大类，即压电晶体、压电陶瓷和新型压电材料。新型压电材料又有压电半导体和有机高分子压电材料两种。在传感器技术中，目前国内外普遍应用的是压电单晶中的石英晶体和钛酸钡与锆钛酸铅系列压电陶瓷。

1.压电晶体 由晶体学可知，无对称中心的晶体，通常具有压电性。具有压电性的单晶体统称为压电晶体。石英晶体是最典型而常用的压电晶体，它有天然和人工培养两种。天然石英晶体和人工石英晶体都属于单晶体，外形呈正六面体，如图8-4（a）所示。石英晶体的突出优点是温度稳定性好、机械强度高、绝缘性能也相当好，缺点是灵敏度低、介电常数小、价格昂贵。因此，石英晶体一般仅用在标准仪器或要求较高的传感器中。

因为石英是一种各向异性晶体，因此，按不同方向切割的晶片，其物理性质（如弹性、压电效应及温度特性等）相差很大。取出石英晶体的一个切片，它是一个六面棱柱体，在其三个直角坐标中，z 轴称为晶体的对称轴，该轴方向没有压电效应；X 轴称为电轴，电荷都积累在此轴晶面上，垂直于 Z 轴晶面的压电效应最显著；Y 轴称为机械轴，逆压电效应时，沿此轴方向的机械变形最显著。在设计石英传感器时，应根据不同使用要求正确地选择石英片的切型，如图8-4（c）所示。

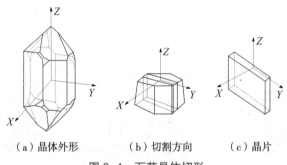

（a）晶体外形 　　　（b）切割方向 　　　（c）晶片

图8-4　石英晶体切形

2.压电陶瓷 压电陶瓷是人工制造的多晶体压电材料。如图8-5所示为几种常见的压电陶瓷。压电陶瓷做成的压电式传感器灵敏度较高，但稳定性、机械强度等不如石英晶体，常用于工业或高灵敏度传感器。

压电陶瓷内部的晶粒有一定的极化方向，在无外电场作用下，晶粒杂乱分布，它们的极化效应被相互抵消，因此压电陶瓷此时呈中性，即原始的压电陶瓷不具有压电性质，如图8-6（a）所示。当在陶瓷上施加外电场时，晶粒的极化方向发生转动，趋向于按外电场方向排列，从而使材料整体得到极化，如图8-6（b）所示。外电场越强，极化程度越高，让外电场强度大到使材料的极化达到饱和程度，即所有晶粒的极化方向都与外电场的方向一致。此时，去掉外电场，材料整体的极化方向基本不变，即出现剩余极化，这时的材料具有了压电特性，如图8-6（c）所示。由此可见，压电陶瓷具有压电效应，需要有外电场和压力的共同作用。此时，当陶瓷材料受到外力作用时，晶粒发生移动，将导致在垂直于极化方向（即外电场方向）的平面上出现极化电荷，电荷量的大小与外力成正比关系。

图8-5　压电陶瓷

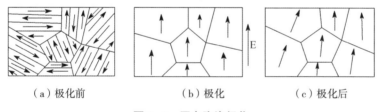

（a）极化前　　　　　　（b）极化　　　　　　（c）极化后

图8-6　压电陶瓷极化

3.新型压电材料　新型压电材料分为压电半导体和有机高分子压电材料两种。

硫化锌（ZnS）、碲化镉（CdTe）、氧化锌（ZnO）与硫化镉（CdS）等压电半导体材料显著的特点是：既具有压电特性，又具有半导体特性。因此，既可用其压电性研制传感器，又可用其半导体特性制作电子器件；也可以两者合一，集元件与线路于一体，研制成新型集成压电式传感器测试系统。

高分子材料属于有机分子半结晶或结晶聚合物，其压电效应较复杂，不仅要考虑晶格中均匀的内应变对压电效应的贡献，还要考虑高分子材料中作非均匀内应变所产生的各种高次效应以及同整个体系平均变形无关的电荷位移而表现出来的压电特性。有机高分子压电材料是一种柔软的压电材料，主要包括：某些合成高分子聚合物，经延展拉伸和电极化后具有压电性的高分子压电薄膜，如聚氟乙烯（PVDF）；以及高分子化合物中掺杂压电陶瓷PzT或BaTiO；粉末制成的高分子压电薄膜等。如图8-7所示，为几种常见的压电薄膜。它们常用于廉价振动传感器、水声传感器及50GHz以下超声传感器。

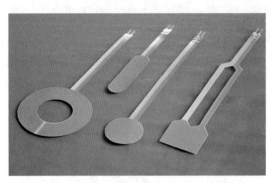

图8-7　压电薄膜

 任务实施

1. 观察图8-2，该材料色泽透明，质地坚硬，可初步判断为某种晶体。

2. 仔细观察该材料，其外形呈现近似的正六面体。压电材料的分类中，只有压电晶体的外形符合这样的情况。基本可判断该压电材料为压电晶体。

3. 上网检索压电晶体的图片，可查阅到压电晶体与图8-2所示高度相似，可确定该材料属压电材料中的压电晶体。

 **巩固练习**

一、填空题

1. 压电式传感器是以＿＿＿＿＿＿＿＿＿＿为工作基础的传感器。

2. 压电效应又分为＿＿＿＿＿＿和＿＿＿＿＿＿。

3. 常见的压电材料包括三类，分别是＿＿＿＿＿、＿＿＿＿＿＿、＿＿＿＿＿＿和＿＿＿＿＿＿等。

4. 辨识下列压电材料的类型：

（a）＿＿＿＿＿　　（b）＿＿＿＿＿　　（c）＿＿＿＿＿

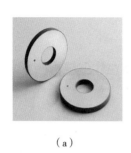  

（a） （b） （c）

二、简答题

1.什么是压电式传感器？它的基本工作原理是什么？

2.常用的压电材料有哪些？它们有什么区别？

目标检测

扫一扫完成测试

任务二　测定压电式传感器的特性

任务目标

» 1. 能根据要求完成压电式传感器特性测定的实验操作。

» 2. 能正确绘制压电式传感器的特性曲线。

» 3. 能正确计算压电式传感器的灵敏度和线性度。

任务描述

　　相信你已经知道什么是压电式传感器，也能够区分不同的压电材料。下面将完成压电式传感器振动仿真实验，测定压电式传感器测量振动时的基本特性，分析其灵敏度和线性度。

知识导航 ////////////

一、压电传感器的等效电路

　　当压电式传感器中的压电元件承受被测机械应力的作用时，在两个电极的表面出现等量而极性相反的电荷。根据电容器原理，它可等效为一个电容器。当两极聚集一定电荷时，两块极板之间就存在一定的电压。因此，压电元件可等效为一个电荷源 Q 和一个电容 C_a 的并联电路；也可等效为一个电压源 U 和一个电容 C_a 的串联电路，如图8-8所示。

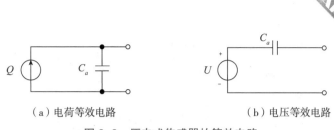

（a）电荷等效电路　　　　　　　　（b）电压等效电路

图 8-8　压电式传感器的等效电路

二、压电传感器的测量电路

压电式传感器在实际使用时，总要与测量仪器或测量电路相连接，因此还需考虑连接电缆的等效电容 C_c，放大器的输入电阻 R_i，输入电容 C_i 以及压电式传感器的泄漏电阻 R_a。压电传感器的内阻抗很高，而输出的信号微弱，因此一般不能直接显示和记录。压电传感器要求测量电路的前级输入端要有足够高的阻抗，这样才能防止电荷迅速泄漏而使测量误差变大。压电传感器的前置放大器有两个作用：一是把传感器的高阻抗输出变换为低阻抗输出；二是把传感器的微弱信号进行放大。由于压电式传感器的输出可以是电压源，也可以是电荷源，因此，前置放大器也有两种形式，即电压放大器和电荷放大器。目前多采用电荷放大器，它是一个电容负反馈高放大倍数运算放大器，其等效电路如图 8-9 所示。

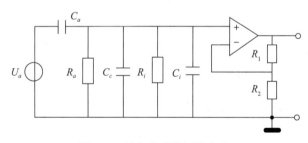

图 8-9　压电传感器测量电路

 任务实施

一、操作步骤

1.打开传感器仿真实训软件，找到《压电式传感器振动实验》，可见如图 8-10 所示界面。

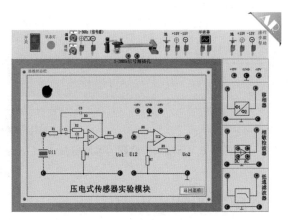

图 8-10　压电式传感器振动实验界面

2.按照要求完成连线：

①连接±15V 电源线和地线。

②连接示波器两端到低通滤波器输出端口，并点击图标，弹出示波器窗口。

③连接低通模块±15V 电源线和地线，则自动完成部分连线。

④打开电源开关，连接 1～30Hz 信号源。

3.调节信号源频率旋钮，从示波器上读出输出电压值，填入表8-1相应位置。

4.观察示波器输出波形，并保存。

5.根据表8-1数据计算压电式传感器系统的灵敏度和线性度。

二、数据处理与分析

1.根据实验数据，填入表8-1。

表8-1　压电式传感器频率与输出电压值

振动频率（Hz）							
电压 U（v）							
拟合电压值 U（v）							
偏差 Δy（v）							
最大偏差 Δym（v）							

2.根据表8-1数据绘制出压电传感器振动特性曲线，计算拟合方程、拟合电压值、偏差和最大偏差，填入表8-1。

3.计算压电式传感器振动时的灵敏度和线性度。

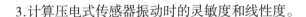

任务评价

序号	评价内容	配分	扣分要求	得分
1	测定压电式传感器的振动特性操作	30	步骤操作不规范，每次扣5分	
2	数据记录	30	数据记录不真实，每处扣3分	
3	数据处理与分析	40	曲线绘制不准确，每处扣2分 数据计算不准确，每处扣2分	
任务成绩：				

 **巩固练习**

根据压电式传感器测量振动的基本特性，想一想压电式传感器适合应用于测量哪些物理参数？

任务三 熟知压电式传感器的医学应用

任务目标

» 1. 能列举应用压电式传感器的常见医疗设备。

» 2. 能理解压电式传感器在医疗设备中的工作原理。

学习导入

　　压电式传感器主要应用在加速度、压力、振动的测量中。汽车交通事故往往是突然发生的，发生时间极短，人们通常没有足够的反应时间来主动保护自己，因此，系好安全带对保障生命安全至关重要！此外，安全气囊也是一个重要的保护措施，它可以在汽车发生严重碰撞时迅速充气以保护乘车人的安全，减少对人体（特别是头部和颈部）的伤害。这是一个压电式传感器的典型应用。压电式传感器的医学应用又有哪些呢？

任务描述

　　请查阅压电式传感器的医学应用的相关资料，以"压电式传感器的医学应用"为主题，图文结合制作演示文稿或手绘小报，与身边的同学和朋友交流分享吧！

一、心内导管式血压传感器

心内导管测压是一种通过导管插入心室，测量心脏内血压的方法。导管末端附有测压传感器，测量心脏内血压变化。图8-11所示为一种测量心内血压动态波形用的压电式传感器的结构原理图。它的核心部件为安装在导管中的压电双叠片元件。当心脏收缩或舒张时，心室内的血液量会发生变化，血压也会随之变化。血压通过顶子作用于压电双叠片时，会造成压电双叠片弯曲形变，从而产生压电效应，将压力变化转换为电信号。双压电陶瓷叠片之间夹有一个金属薄片用以改善压电陶瓷的机械可靠性。通过心内测压，医生可以获取心脏内部的血压数据，了解心脏的功能状态，评估患者的病情，指导临床治疗方向或评估治疗效果。

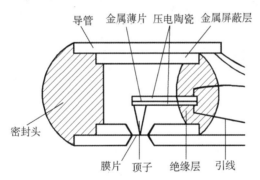

图8-11　心内导管式血压传感器结构原理图

二、压电式心音传感器

心音传感器广泛应用于医疗领域。在临床上，医生可以通过心音传感器来监测患者的心脏功能，诊断心脏病变。通过分析心音的频谱和时域特征，医生可以判断心脏的收缩力、舒张功能以及心脏瓣膜的情况。此外，心音传感器还可以用于监测心脏手术中的心脏活动，帮助医生及时调整手术操作。

心音传感器的结构形式很多，采用压电元件是常用的一种方法。图8-12是常见压电式心音传感器的结构示意图，主要由压电晶体、质量块和应力弹簧组成，为获得合适的阻尼，壳体内充硅油和橡胶。弹簧和质量块一起向压电晶体施加静态预压缩载荷。使用时，将心音传感器紧贴靠近心脏的胸部表面，当心脏收缩和舒张时，会造成心脏瓣膜的迅速打开或关闭，从而形成了由血流湍流引起的振动，脉管中血流的加速和减速也会造成血管的振动。这些振动传到胸腔表面，心音传感器感受到体表振动，质量块便有正比于加速度的交变力作用在压电晶体，压电晶体将转换成电量来实现测量。

近年来，心音传感器开始在健康监测和个人健康管理中发挥着重要的作用。随着智能设备的普及，越来越多的人开始关注自己的健康状况。图8-13为我国自主研发的一款智能听诊器，它采用压电式心音传感器，可以通过蓝牙与智能手机相连，实时监测用户的心音和心率，并生成相应的健康报告。这为用户提供了一个及时了解自己身体状况的途径，有助于预防心脏和肺部疾病的发生。

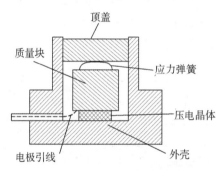

图 8-12　压电式心音传感器结构示意图

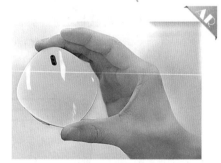

图 8-13　智能听诊器

三、婴儿呼吸暂停检测器

图 8-14 所示为聚偏二氟乙烯（PVDF）压电薄膜传感器结构示意图。PVDF 压电薄膜常被用于检测婴儿呼吸暂停。婴儿呼吸时由于横膈的运动，引起婴儿体积和重心的变化。而大面积传感器对这种重心的移动十分敏感，这样根据传感器的输出信号可以得到关于婴儿呼吸状况的重要信息。

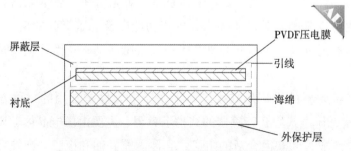

图 8-14　PVDF 压电薄膜传感器结构示意图

由 PVDF 压电薄膜构成的压电式传感器除了可以用于检测呼吸运动外，还可以用于测量血压、脉搏等生理参数。通过将 PVDF 压电传感器固定在被检者体表，心脏射血期间的动脉搏动将导致 PVDF 压电薄膜产生形变，从而引起其表面电荷的变化，由此获得人体脉搏的搏动次数。

四、压电超声波传感器

超声诊断是将超声检测技术应用于人体，通过测量了解生理或组织结构的数据和形态，发现疾病作出提示的一种诊断方法。由于其无创、无痛、方便、直观的优点，在临床诊断中应用广泛，是目前最重要的影像技术之一。超声诊断中，首先必须向人体发射超声波，然后接收人体组织结构信息的反射回波。起信息转换作用的是医用超声换能器，因此它是医用超声诊断设备最重要的组成部分。超声换能器完成电–声和声–电转换利用的正是逆压电效应和正压电效应，因此超声换能器本质就是压电传感器，它是压电材料在在医学上非常重要的应用。

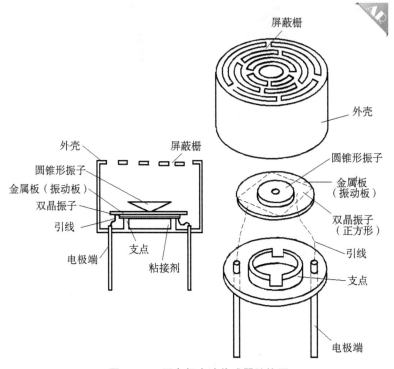

图 8-15　压电超声波传感器结构图

压电超声波传感器的结构示意图如图 8-15 所示，其核心结构为双晶振子（把双压电陶瓷片以相反极化方向粘在一起）。在双晶振子的两面涂覆薄膜电极，上表面用引线通过金属板接到一个电极端，下表面用引线直接接到另一个电极端。金属板中心有圆锥形振子，发送超声波时，振子能有方向性地高效发送；接收超声时，振动集中于振子中心，能高效地产生高频电压。

双晶振子的超声波传感器的工作原理如图8-16所示。若在发送器的双晶振子上施加40kHz的高频电压，压电陶瓷片a、b就根据所加的高频电压极性伸长与缩短，于是发送40kHz频率的超声波（逆压电效应）。超声波以疏密波形式传播，送给超声波接收器被其接收（正压电效应）。超声波接收器是利用压电效应的原理，产生一面为正极，另一面为负极的电压。当然这种电压非常小，要用放大器进行放大。

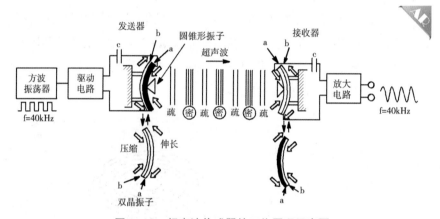

图 8-16 超声波传感器的工作原理示意图

任务实施 ,,,,,,,,,,,,,

以任务知识导航中的内容为基础，查阅相关资料，以"压电式传感器的医学应用"为题制作演示文稿或手绘小报。

任务评价

序号	评价内容	评价要素	评分标准	得分
1	主题	突出主题：压电式传感器的医学应用	很好（14~20） 一般（8~13） 较差（0~7）	
2	内容	内容完整，涵盖医学领域中应用压电式传感器的常见医疗设备及其工作原理	很好（14~20） 一般（8~13） 较差（0~7）	
		文字表述正确、图表表达准确	很好（14~20） 一般（8~13） 较差（0~7）	
3	构思	结构合理、逻辑严谨	很好（8~10） 一般（4~7） 较差（0~3）	
4	素材	图片及其他素材运用合理	很好（8~10） 一般（4~7） 较差（0~3）	
5	美化	文字清晰、重点突出	很好（8~10） 一般（4~7） 较差（0~3）	
		布局合理、配色优美	很好（8~10） 一般（4~7） 较差（0~3）	
总分				

 巩固练习

简答题

1.简述压电式传感器应用于超声诊断仪中的工作原理。

2.简述压电式传感器和电感式传感器应用于呼吸测量中的区别。

参考文献

［1］陈安宇.医用传感器［M］.3版.北京：科学出版社，2016.

［2］朱险峰.医用传感器［M］.北京：科学出版社，2017.

［3］杨效春.传感器与检测技术［M］.北京：清华大学出版社，2015.

［4］王平，刘清君，陈星.生物医学传感器与检测［M］.杭州：浙江大学出版社，2016.

［5］王保华.生物医学测量与仪器［M］.上海：复旦大学出版，2019.

［6］陈晓军.传感器与检测技术项目式教程［M］.北京：电子工业出版社，2014.

巩固练习参考答案

模块一 走进传感器的世界

任务一 认识医用传感器
巩固练习

一、填空题

1.敏感元件；转换元件；调理电路；辅助电源

2.提供诊断信息；监护；临床检验；生物控制

3.物理传感器；化学传感器和生物传感器

4.无创和微创检测；体内信息检测

5.智能化、微型化、多参数、无创、遥控、无线

二、简答题（略）

三、拓展题（略）

任务二 分析传感器的基本特性
巩固练习（略）

模块二 电阻式传感器

任务一 辨识电阻式传感器
巩固练习

一、填空题

1.非电量；电阻值；电阻值

2.电阻应变式传感器；半导体固态压阻式传感器

3.应变效应；压阻效应

4.体型半导体应变片；扩散式半导体应变片

5.金箔式应变片；金箔式应变片；体型半导体应变片；金箔式应变片（应变花）

二、简答题（略）

任务二 测定电阻式传感器的特性
巩固练习（略）

任务三 熟知电阻式传感器的医学应用
巩固练习（略）

模块三 电感式传感器

任务一 辨识电感式传感器
巩固练习

一、填空题

1.电磁感应原理；线圈自感；线圈互感

2.变气隙式；变面积式；螺线管式

3.差动变压器；变气隙式；变面积式；螺线管式

4.电涡流效应；脱离电源

5.自感式电感传感器；电涡流式电感传感器；互感式电感传感器

二、简答题（略）

任务二 测定电感式传感器的特性
巩固练习（略）

任务三 熟知电感式传感器的医学应用
巩固练习（略）

模块四 电容式传感器

任务一 辨识电容式传感器
巩固练习

一、填空题

1.非电量；电容量

2.两极板间的距离；两极板间相互遮盖面积；两极板间介质的介电常数；

内外极板所覆盖面积；内外极板间介质的介电常数

3.变间距型电容传感器；变面积型电容传感器；变介电常数型电容传感器

二、选择题

（a；b）（c；d；f；h）（e；g）

任务二 测定电容式传感器的特性
巩固练习（略）

任务三 熟知电容式传感器的医学应用
巩固练习（略）

模块五 磁电式传感器

任务一 辨识磁电式传感器
巩固练习

一、填空题

1.磁电感应原理

2.磁电感应式；霍尔式

3.霍尔效应

4.磁电感应式传感器；霍尔式传感器

二、计算题

6.6mv

任务二 测定磁电式传感器的特性

巩固练习（略）

任务三 熟知磁电式传感器的医学应用

巩固练习（略）

模块六 光电式传感器

任务一 辨识光电式传感器

巩固练习

一、填空题

1.光电效应；光信号；电信号

2.光敏电阻；光电池；光敏管

3.阻值；光照强弱；电流越大

4.光生伏特效应；电能

5.一个；两个；反向偏置

6.光电管；光敏电阻；光电池；光敏管

二、选择题

1.A 2.D

三、简答题（略）

任务二 比较不同类型光电式传感器的特性

巩固练习（略）

任务三 熟知光电式传感器的医学应用

巩固练习（略）

模块七 热电式传感器

任务一 辨识热电式传感器

巩固练习

一、填空题

1.体温

2.金属；半导体

3.接触电动势；温差电动势

4.红外光电传感器；热释电传感器

5.热敏电阻；集成温度传感器；金属热电阻；热释电式

二、简答题（略）

任务二 比较不同类型热电式传感器的特性

巩固练习（略）

任务三 熟知热电式传感器的医学应用

巩固练习（略）

模块八 压电式传感器

任务一 辨识压电式传感器

巩固练习

一、填空题

1.压电效应

2.正压电效应；逆压电效应

3.压电晶体；压电陶瓷；新型压电材料

4.压电陶瓷；压电晶体；压电薄膜

二、简答题（略）

任务二 测定压电式传感器的特性

巩固练习（略）

任务三 熟知压电式传感器的医学应用

巩固练习（略）